普通高等教育计算机类创新型教材

# UML 统一建模语言实践教程

主　编　周　翔　李　力　侯丽萍

副主编　李　娟　伍轶明　母军臣

罗庆佳　刘凤华

U0282428

电子工业出版社·

**Publishing House of Electronics Industry**

北京·BEIJING

# 内 容 简 介

本书通过一个完整的案例，按照实际项目的应用顺序，深入浅出地讲解在业务建模、概念建模、系统建模等不同阶段应如何结合面向对象的思维方式，正确地使用 UML 统一建模语言对软件系统进行分析和设计。本书主要内容包括面向对象技术概述、UML 与 Rational Rose 概述、用例图：建模的开始、状态图和活动图、类图和包、交互图：用例的实现、数据建模、构件图和双向工程、部署图和建模实例分析。

本书既可作为高等学校计算机科学与技术、软件工程等信息类专业的本科或专科学生的教材，也可供从事软件开发的工作人员参考使用。

**图书在版编目（CIP）数据**

UML 统一建模语言实践教程 / 周翔，李力，侯丽萍主编. —北京：电子工业出版社，2020.7
普通高等教育计算机类创新型教材
ISBN 978-7-121-39071-5

Ⅰ．①U… Ⅱ．①周… ②李… ③侯… Ⅲ．①面向对象语言－程序设计－高等学校－教材 Ⅳ．①
TP312.8

中国版本图书馆 CIP 数据核字（2020）第 098959 号

责任编辑：祁玉芹
文字编辑：罗克强
印　　刷：中国电影出版社印刷厂
装　　订：中国电影出版社印刷厂
出版发行：电子工业出版社
　　　　　北京市海淀区万寿路 173 信箱　邮编：100036
开　　本：787×1092　1/16　印张：12.5　字数：304 千字
版　　次：2020 年 7 月第 1 版
印　　次：2022 年 6 月第 3 次印刷
定　　价：36.00 元

凡所购买电子工业出版社图书有缺损问题，请向购买书店调换。若书店售缺，请与本社发行部联系，联系及邮购电话：(010) 88254888，88258888。

质量投诉请发邮件至 zlts@phei.com.cn，盗版侵权举报请发邮件至 dbqq@phei.com.cn。

本书咨询联系方式：qiyuqin@phei.com.cn。

# 前　言
## Preface

物以类聚，人以群分，尽管我们所生存的世界千变万化、五彩缤纷，但是每一种事物都因为其自身特性而被人类感知、认识并逐步掌握。事物因为具有不同的属性而被区分归类，属性成为我们辨识事物的基础，面向对象方法就是建立在分类理论的基础上的。

从软件工程的角度来看，面向对象方法试图实现从领域问题空间到解决方案空间的同构映射，通俗地讲，就是找到软件系统用户和系统开发者使用的共同语言。采用这种建模语言建立的领域问题模型可以更加清晰地表达用户的需求，进而可以转化为系统的功能模型和结构模型，从而为后面的编程、测试和维护铺平道路。

从学生的角度来看，学习一门程序设计语言并不困难，关键在于如何运用面向对象方法对一个原本陌生或是相对熟悉的领域进行分析并建立软件系统模型。而且，伴随经济全球化而来的企业竞争和行业竞争日益激烈，软件企业要做到"适时应务，按需服务"，必须依靠软件工程的思想。因此，熟练掌握面向对象方法和技能就显得越发重要。

本书通过讲解 UML 统一建模语言与面向对象进行分析和设计的理论及应用，引导学生将面向对象方法的理论用于具体领域的问题分析。本书重点讲述 UML 语言，但又不是一本纯粹教授 UML 语言的书籍，而是结合软件工程思想传达面向对象的思考方法、分析模式和推导过程，以及它们在软件工程的各个阶段如何发挥作用。本书要传达的是一种思维方式，能够帮助读者熟练掌握面向对象分析技术。

最后，软件开发是一种实践过程，仅仅学习本书内容还不能成为软件高手。本书只能给出思路和相关知识，而掌握和消化这些知识则必须由读者在实践中去完成。方法正确、认真学习，多实践、勤思考，再回顾并总结，这是软件开发人员快速成长的捷径。在此预祝读者能够迅速进步，早日达成期望的职业目标。

本书由南昌大学周翔、四川城市职业学院李力、青岛财经职业学校侯丽萍任主编，江西农业大学李娟、广西科技大学伍轶明、开封大学母军臣、江门职业技术学院罗庆佳、中原工学院刘凤华任副主编。具体编写分工为：周翔编写第1章、第4章，李力编写第3章，侯丽萍编写第5章、第8章，李娟编写第10章，伍轶明编写第9章，母军臣编写第2章，罗庆佳编写第7章，刘凤华编写第6章。

# 目 录
## Contents

# 第1章
## 面向对象技术概述

## 1.1 软件危机及软件工程

20 世纪 60 年代中期爆发的"软件危机"[1]，使人们认识到大型软件系统与小型软件系统有着本质上的不同：大型软件系统开发周期长、开发费用昂贵、开发出来的软件质量难以保证、开发生产率低，它们的复杂性已远远超出人脑所能直接控制的程度。就像用制造小木船的方法不能生产航空母舰一样，大型软件系统的开发不能再沿袭早期的手工作坊式的开发方式，而必须立足于科学的理论基础，实行大兵团式的工程化作业，这一认识促进了软件工程学的诞生。1968 年，北大西洋公约组织（NATO）科技委员会在当时的联邦德国召开了有近 50 名一流的计算机科学家、编程人员和工业界人士参加的研讨会，共同商讨解决软件危机的办法，这次会议上第一次提出了软件工程的概念，这是软件开发史上一座重要的里程碑，它标志着软件开发进入了一个新阶段。

经过 30 多年的探索和发展，软件工程这门学科取得了长足的进步，但软件危机依然存在，而且有日趋严重的趋势。大量事实说明，软件的质量和生产率问题远没有得到解决，与 30 多年前的软件相比，现在的软件在规模、复杂性等方面都远远超过以前的软件，大型软件开发中的许多问题，如开发效率低、产品质量差、产品难以维护、软件可移植性差、开发费用超过预算、开发时间超期等依然存在。一般来说，软件项目越大，情况越严重，在所有的大型系统中，大约有四分之三的系统存在运行问题，要么不像预想的那样起作用，要么根本就无法使用。例如，美国丹佛新国际机场自动化行李管理系统软件投资 1.93 亿美元，原计划在 1993 年万圣节前启用，但系统开发人员一直为系统错误所困

---

注 1：软件危机是指软件开发的速度与质量无法满足计算机软件的开发需求，软件开发速度慢、重复开发、开发流程不规范、软件产品可移植性差或可维护性差等问题普遍存在，使软件开发构成了"危机"。

扰，直至 12 月系统仍无法交付使用，为了排除系统中存在的问题，一直拖延到 1994 年 6 月，机场的计划者最终承认，他们无法预测行李系统何时能启用。

就国内外软件开发现状而言，对于小型软件系统有比较好的开发方法，成功率也比较高，但对于大中型软件系统的开发，情况则不尽如人意，在开发效率、开发费用、产品质量等方面都不能令人满意。

针对大型软件系统开发中存在的问题，人们提出了各种各样的软件开发方法，如瀑布式软件开发方法、快速原型方法、螺旋式软件开发方法、变换式软件开发方法、增量式软件开发方法、净室软件开发方法、喷泉式软件开发方法等。但这些方法并未完全解决软件危机的问题，目前仍存在着各种软件系统问题，软件危机依然存在。

## 1.2 对软件开发的基本认识

大型软件系统的特点是开发成本高、开发时间长、参加开发的人员多、软件生命周期长。采用传统的软件工程方法开发大型软件存在开发效率低、产品质量难以保障、产品难以维护、软件可移植性差、软件可重用性低等问题。

软件系统的开发可以从两个方面进行刻画，一方面是软件开发过程，从软件需求分析、总体设计、详细设计、代码实现、软件测试到最终产品的交付，以及后期的软件维护及再开发，这方面要求软件开发具有连续性，要求各开发阶段的产品在逻辑上相互一致；另一方面是软件开发过程中所涉及的各种资源，包括参与开发的各种工作人员、硬件资源和软件资源，在使用过程中这些资源需要进行协调和管理。正是这两个方面的相互作用才形成了完整的软件开发活动。目前软件开发中存在的问题，究其根本，往往是由于在这两个方面上控制不当，或协调不一致造成的。

软件工程的目的就是要在规定的时间、规定的开发费用范围内开发出满足用户需求的高质量软件系统。这里所说的高质量不仅是指错误率低，还包括好用、易用、可移植、易维护等。当初提出软件工程就是希望采用工程的概念、原理、技术和方法，把成熟的管理技术和好的技术方法结合起来，以指导计算机软件的开发和维护。

为了深入理解软件工程的思想，我们有必要探讨软件的特点。软件是一个逻辑部件，而不是一个物理部件，所以软件具有与硬件不同的 4 个特点。

（1）表现形式不同。硬件属于客观实体，看得见、摸得着，而软件是人类思想的产物，没有颜色、形状，看不见、摸不着，它的正确与否、是好是坏，一般要到软件在计算机上运行后才能知道，这就给软件的开发和管理带来许多困难。

（2）生产方式不同。尽管软件开发与硬件制造两者之间有许多共同点，但这两种活动本质上是不同的。硬件制造过程中可能出现的质量问题在软件开发中可能不会出现，反之亦然。这两种活动都依靠人，但人的作用和相互关系是完全不同的。由于软件是逻辑产品，软件的开发和人的智力活动紧密相关，在很多人共同完成一个软件项目时，人与人之间就有思想交流的问题，即沟通问题。沟通不但要花费时间，而且由于沟通中的疏忽会使错误出现的可能性增大。

（3）产品要求不同。硬件产品允许有误差，生产时只要达到规定的精度要求就算合格，而软件产品却不允许有误差。因此软件的生产要求有可靠的质量保证体系。

（4）维护方式不同。在使用过程中，硬件由于磨损、震动、腐蚀、空气污染等原因用旧或用坏，可以使用备用件维修或更替。而对于软件来说不存在备用件，软件中的缺陷都会在计算机上导致错误。如果在使用过程中发现软件有缺陷，则需要进行修改。随着某些缺陷的改进，既有可能消除错误，也有可能引入一些新的缺陷，因而使软件的故障率增加，品质变差，所以软件的维护要复杂得多。

# 1.3　软件的固有复杂性

软件的特点决定了软件开发的复杂性和困难性。著名的计算机专家 F. Brooks 认为，软件系统的复杂性是固有的，软件可能是人类所能制造出来的最复杂的实体。导致软件复杂性的原因很多，主要的原因有以下几个。

首先，软件系统的复杂性和计算机的体系结构有关。从计算机诞生以来，尽管计算机的体系结构有了很大的进步，如采用流水线、超高速缓冲存储器等，但仍然主要采用冯·诺依曼体系结构，虽然在计算机的发展过程中也出现过一些新型的体系结构，但这些体系结构并没有获得主导地位。

冯·诺依曼所提出的存储程序方式的计算机体系结构的主要特点是，硬件（存储器、运算器和控制器等）简单，而软件却很复杂，所需的全部功能由软件来完成。在一些很单纯的应用中（如数值计算），这种体系结构具有优势，但在目前需要庞大而复杂的软件系统的情况下，这种体系结构存在难以克服的缺点。如果计算机继续采用冯·诺依曼式的体系结构，则软件系统的复杂性将很难消除。

其次，软件开发是人的一种智力活动，软件系统从本质上来说是由许多相互联系的概念所组成的结构。这种概念结构很难用一组数学公式或物理定律来描述，也就是说，很难找到一种好的方法或工具来刻画软件系统的内在本质特征或规律。

再次，软件系统中各元素之间的相互作用关系具有不确定性也是造成软件系统复杂性的原因之一。从理论上讲，任何两个元素之间都可以存在交互关系，几乎不受任何外界因素的限制，而且随着元素数目的增加，元素之间的交互关系总数呈指数级递增的趋势。

又次，由于软件没有固定的形式与坚硬的外壳，人们普遍认为软件系统是"软"的，似乎可以随意扩充和修改。因此软件系统还面临着不断变化的压力，不同的软件系统需要满足不同用户的工作方式和习惯。用户总是尝试用更合理、方便的方式使用软件，并且希望系统为他们完成更多种类和更大数量的工作。新的功能或变化的功能需求不断地增加，这种持续的变化又增加了软件系统的复杂性。

最后，规模较大的软件系统的生命周期一般都超过相应硬件系统的生命周期。在此期间，硬件系统可能发生变化，原有的软件系统将不得不根据实际应用环境的要求而作出调整与变化，以适应不同的硬件系统，这又给软件系统本身带来许多新的复杂性。

由于软件的固有复杂性，使得开发人员之间的沟通变得困难、开发费用超出预算、开发时间延期，等等；复杂性也导致产品有缺陷、不易理解、不可靠、难以使用、功能难以扩充，等等。

在一些传统的工程领域，设计人员往往有好的理论帮助其进行设计，如桥梁专家在设计桥梁时有完整的桥梁基础理念和力学理论帮助其进行设计，硬件设计师在设计芯片时有前期产品和微电子学理论的指导。但对于软件设计人员，几乎没有任何类似的数学或物理理论帮助或制约设计人员对软件系统进行设计，即使存在这种约束，也是设计人员为了达到控制软件复杂性的目的而人为地强加给软件系统的。软件开发过程中这种巨大的自由度使得软件系统可以具有很强的无序性，造成软件系统难以理解、认识、掌握与控制。

软件系统复杂到一定程度，人的智力将很难考虑到其中包含的所有问题。尽管可以人为地给软件系统强加某些约束条件，但毕竟是人为的。软件系统设计人员所面临的问题的复杂性远远超过设计一座桥梁、一个芯片等所面临问题的复杂性，软件系统设计人员既要为自己建立设计与实现的准则，又要利用这些准则构造符合要求的软件系统，因此所面临的困难比其他领域更多。

## 1.4　控制软件系统复杂性的基本方法

软件系统的复杂性不是因为某个软件要解决一个特定的复杂问题而偶然产生的，它是大型软件系统的一个固有的本质特征，软件系统的开发过程必然会受到其复杂性的影响。

软件系统的固有复杂性是导致软件开发与维护过程中所面临的众多问题的根源，它使得软件开发过程难以控制，可能造成软件项目的延期及预算超支，使其达不到预定的设计要求。但由于软件系统的复杂性是固有的，人们无法彻底消除这些复杂性，因此只能采用控制复杂性的方法，尽量减少软件系统复杂性对软件开发过程的影响，而分解、抽象、模块化、信息隐蔽等是控制软件系统复杂性的有效方法。

### 1．分解

人类解决复杂问题时普遍采用的策略之一就是"各个击破"，也就是对问题进行分解，然后再分别解决各个子问题。著名的计算机科学家 Parnas 认为，巧妙地分解系统可以有效地划分系统的状态空间，降低软件系统的复杂性所带来的影响。对于复杂的软件系统，可以逐步将它分解为越来越小的组成部分，直至不能分解。这样就可以使软件系统的复杂性在特定的层次与范围内不会超过人的理解能力。Unix 中的 Shell 和管道即是采用分解思想的例子。

### 2．抽象

抽象指的是抽取系统中的基本特性而忽略非基本特性，以便更充分地注意与当前目标有关的方面。现实世界中的大多数系统都有其内在的复杂性，远远超出人类当时所能处理的程度。当使用抽象这个概念时，我们承认正在考虑的问题是复杂的，但我们并不打算理解问题的全部，而只是选择解决其中的主要部分，我们知道这个问题还应包括附加的细节，只是此时不去注意那些细节而已。

Miller 在一篇经典的文献"神奇的数字 7"中提到，在同一时间里，人一般只能集中于 7 项左右的信息，而不受信息的内容、大小等因素的影响。大型软件系统所包含的元素数目远远超过了这一数字。虽然我们仍然受"Miller 规则"的限制，但可以利用抽象来克服这一困难。通过忽略系统内许多非本质的细节，仍然有可能理解和控制各种复杂的系统。

一般来说，抽象又可分为过程抽象和数据抽象。

过程抽象是广泛使用的一种抽象形式。任何一个有明确功能的操作都可被使用者作为单个的实体来看待，尽管该操作实际上可能由一系列更低层的操作来完成。在实际应用中，将处理分解成子步骤是对付复杂性的一个基本方法。

数据抽象定义了数据类型和施加于该类型上的操作，并限定了数据类型的值只能通过这些操作来修改和读取。数据抽象是一个强有力的抽象机制，是控制复杂性的重要方法之一。

### 3．模块化

Parnas 对模块化的原则作了精辟的论述。一般来说，对模块的要求是高内聚（cohesion）、低耦合（coupling）。高内聚指的是在一个模块中应尽量多地汇集逻辑上相关的计算资源；低耦合指的是模块之间的相互作用应尽可能地少。

### 4．信息隐蔽

信息隐蔽也称封装。信息隐蔽的原则是，把模块内的实现细节与外界隔离，用户只需知道模块的功能，而不需要了解模块的内部细节。即将每个程序的成分隐蔽或封装在一个单一的模块中，定义每一个模块时应尽可能少地暴露其内部的处理。信息隐蔽的基本思想是，无论喜欢或不喜欢，我们都是生活在一个瞬息万变的环境中，如果将系统中极不稳定的部分封装起来，那么系统不可避免的变化对整体结构的威胁就会减少。

信息隐蔽能帮助人们在开发新系统时减少不必要的工作，如果将来需要对模块进行修改，则只需修改模块的内部结构，其外部接口可以不做变动。信息隐蔽原则提高了软件的可维护性，且模块内的错误不易蔓延到其他模块，极大地降低了模块间的耦合度，是控制软件复杂性的有效手段，现在信息隐蔽原则已经成为软件工程学中的一条重要原则。

## 1.5　面向对象技术

面向对象（Object-Oriented，OO）技术充分体现了分解、抽象、模块化、信息隐蔽等思想，可以有效地提高软件生产率、缩短软件开发时间、提高软件质量，是控制软件系统复杂性的有效途径。

传统的结构化方法的着眼点在于信息系统需要什么样的方法和处理过程。以过程抽象来对待系统的需求，其主要思想就是对问题进行功能分解，如果分解后得到的功能过大，那么再对这些功能进行分解，直到最后分解得到的功能能比较方便地处理且易于理解。所以结构化方法也称作功能分解法（functional decomposition）。

与传统的结构化软件开发方法相比，面向对象的软件开发方法在描述和理解问题域时采用截然不同的方法。其基本思想是，对问题域进行自然分割，以更接近人类思维的方式建立问题域模型，从而使设计出的软件尽可能直接地描述现实世界，具有更好的可维护性，能适应用户需求的变化。

面向对象方法将世界看作一个个相互独立的对象，对象之间并无因果关系，它们平时是"鸡犬之声相闻，老死不相往来"的。只有在某个外部力量的驱动下，对象之间才会依据某种规律彼此传递信息。在没有外力的情况下，对象则保持着"静止"的状态。

从微观角度来说，这些独立的对象有着一系列奇妙的特性。例如，对象有着坚硬的外壳，从外部来看，除了用来与外界交互的消息通道之外，对象内部就是一个"黑匣子"，什么也看不到，这被称为"封装"；再如，对象可以繁育子对象，子对象将拥有父对象全部功能，这称为继承；对象都是多面派，它们会根据不同的要求展现其中的一个面，这就是多态；多个对象可能长着相同的"脸"，而这张"脸"背后却有着不同的行为，这就是接口……

从宏观角度来说，对象是"短视"的，它不知道自己身处的整个世界是怎么回事，也不知道它的行为是如何贡献给这个世界的。它只知道与它有联系的一群伙伴（这称为"依赖"），并与伙伴间保持着信息交流的关系（这称为"耦合"）。同时对象也是"自私"的，即便是伙伴之间，每个对象也仍然顽固地保护着自己的领地，只允许其他人通过它打开的小小窗口（这称为"方法"）进行交流，从不会向对方敞开心扉。

对象或许是没有纪律的，但是一旦我们确定了一系列的规则，把符合规则要求的对象组织起来形成特定的结构，它们就能拥有某些特定的能力；给这个结构一个推动力，它们就能做出规则要求的行为，常见的对象组装实例如图 1.1 所示。

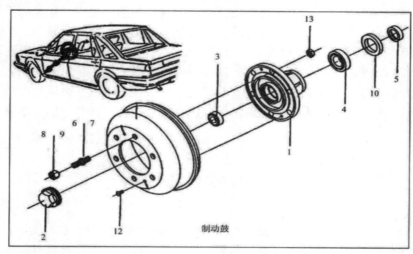

图 1.1 对象组装

如图 1.1 所示，当对象被按规则组合起来以后就能达到预期的功能，其实世界就是这样组成的。平时看上去各个对象间都互无关系，然而当将它们按图示规则组织起来之后，踩下刹车，汽车便会停住。

　　从图 1.1 中可以发现一个特点，每个对象都只与有限的外部对象有关系。各个对象不再需要从整个系统的角度来分析，需要关心的只是与它有关系的那几个对象。这使得我们在分析对象的时候需要考虑的信息量大大减少，自然地，这也简化了我们所面对的问题的复杂程度。

　　从图 1.1 中可以读出的另一个重要的信息是，只要符合规则要求，这些标准零件就可以替换，我们可以采用钢制的，也可以采用合金制的；可以采用 A 工厂生产的，也可以采用 B 工厂生产的。这给我们带来了极大的灵活性和可扩展能力。再扩展一下我们的视野。按照图 1.1 所示的规则，我们组装出了一个刹车部件；类似地，按其他特定的规则，我们可以组装出发动机、底盘等其他部件。这些部件可以用来完成最后的作品——一辆完整的汽车。以上描述揭示了面向对象的另一个非常重要的特性——抽象层次。站在汽车的抽象层次，我们会发现汽车是由变速器、发动机、底盘等部件组成的；站在发动机的抽象层次，我们会发现发动机是由汽缸、活塞等零件组成的；而站在活塞的抽象层次，我们还会发现活塞是由拉杆、曲轴等更小的零件组成的……这种抽象层次可以继续延伸下去。抽象层次的好处在于，不论是在哪个层次上，我们都只需要面对有限的复杂度和对象结构，从而可以专心地了解这个层次上的对象是如何工作的；抽象层次的另一个更大的好处在于低层次的零件更换不会影响高层次的功能，设想一下，更换了发动机的火花塞以后，汽车并不会因此而使性能受损。

　　面向对象方法与面向过程方法的根本不同就是，不再把世界看作一个紧密关联的系统，而是将其看成一些相互独立的小零件，这些零件依据某种规则组织起来，完成一个特定的功能。可见，过程并非这个世界的本源，过程是由通过特定规则组织起来的一些对象"表现"出来的。面向对象和面向过程之间的这一差别引发了整个分析设计方法的革命。分析设计从过程分析变成了对象获取，从数据结构变成了对象结构。在后续的章节里，读者将看到面向对象的分析设计是如何进行的，此过程正如同组装一辆汽车，读者不会觉得有任何难以理解之处。相反，一旦开始习惯这种方法，读者会感受到面向对象其实比面向过程更能自然地表达这个世界。

　　面向对象（简称 OO）技术的优势是非常明显的。

　　首先，用 OO 技术开发的系统比较稳定，如图 1.2 所示，较小的需求变化不会导致大的系统结构的改变。

图 1.2 需求变化时对象的稳定性

其次，用 OO 技术开发的系统易于理解。结构化方法和面向对象方法对现实世界采用了不同的映射方法。在结构化方法中，现实世界被映射为功能的集合；在面向对象方法中，现实世界中的实体及其相互关系被映射为对象及对象间的关系，实体之间的相互作用被映射为对象间的消息发送，以及其他类似的各种映射关系。也就是说，面向对象的模型对现实世界的映射更直观、对应关系更明确。

再次，采用 OO 技术开发的系统具有更强的适应性，能更好地适应用户需求的变化，有助于构造大型软件系统。

最后，用 OO 技术开发的软件系统具有更高的可靠性。

在面向对象方法中，分析和设计阶段采用一致的概念和表示法，面向对象的分析和面向对象的设计之间不存在鸿沟，这是与结构化分析和设计方法的一个较大的区别。图 1.3 所示为这两种方法之间的区别。

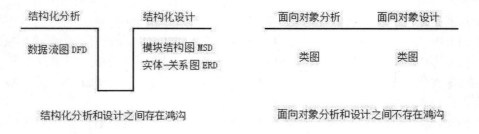

图 1.3 结构化方法与面向对象方法的比较

一般认为，面向对象分析和设计是以对象的观点看待问题域，其解决问题的思维过程与结构化分析和设计方法在本质上是有区别的，但早期提出的适用于结构化分析和设计的一些概念，如高内聚、低耦合、有意识地推迟设计决策等，同样可适用于面向对象分析和设计。也就是说，面向对象方法和结构化方法之间还是存在一定的联系。目前学术界关于面向对象方法对结构化方法来说究竟是"革命性"的还是"演化性"的，不同的人持不同的观点。一般来说，认为是"演化性"的人更多一些。

# 1.6 面向对象领域中的基本概念

面向对象软件开发方法中有很多传统软件开发方法所没有的概念和术语。本节将对面向对象技术领域中常见的几个概念和术语做一些简单的解释，对读者可能存在的错误认识作一些澄清。这些概念和术语包括：对象、实例、类、属性、方法、封装、继承、多态、消息等，与 UML 有关的概念和术语将在后面的章节中讨论。

## 1.6.1 对象和实例

对象（object）是系统中用来描述客观事物的一个实体，它是构成系统的基本单位。

一个对象由一组属性和对这组属性进行操作的一组方法组成。

对象只描述客观事物本质的、与系统目标有关的特征，而不考虑那些非本质的、与系统目标无关的特征。

对象之间通过消息通信。一个对象通过向另一个对象发送消息激活某个功能。

实例（instance）的概念和对象很类似。在 UML 中会经常遇到"实例"这个术语。一般来说，"实例"这个概念的含义更广泛些，它不仅仅是对类而言的，其他建模元素也有实例，如类的实例就是对象，而关联的实例就是链。

## 1.6.2　类

类（class）是具有相同属性和方法的一组对象的集合，它为属于该类的全部对象提供了统一的抽象描述。同一个类的对象具有相同的属性和方法，这里是指它们的定义形式相同，而不是说每个对象的属性值都相同。

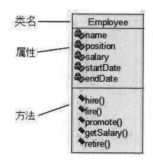

类是静态的，类的语义和类之间的关系在程序执行前就已经定义完毕，而对象是动态的，对象是在程序执行时被创建或删除的。

如图 1.4 所示是类的例子，其中类的名字是 Employee，该类有 5 个属性和 5 个方法。

图 1.4　类 Employee

## 1.6.3　封装

封装（encapsulation）就是把对象的属性和方法结合成一个独立的逻辑单位，并尽可能地隐蔽对象的内部细节。封装使一个对象形成两个部分：接口部分和实现部分。对于用户来说，接口部分是可见的，而实现部分是不可见的。

封装提供了两种保护。首先封装可以保护对象，防止用户直接访问对象的内部细节；其次，封装也保护了客户端，以防对象实现部分的变化产生副作用，即实现部分的改变不会影响到相应客户端的改变。

## 1.6.4　继承

利用继承（inheritance），子类可以继承父类的属性或方法。在一些文献中，也常把子类/父类称作特殊类/一般类、子类/超类或派生类/基类等。

继承增加了软件重用的机会，可以降低软件开发和维护的费用，而继承是 OO 技术和非 OO 技术的一个很明显的区别。所以很多人认为采用 OO 技术就是为了重用，这是一个很普遍的关于面向对象技术和软件重用技术的误解。确实，采用 OO 技术可以增加软件重用机会，但 OO 技术并不等于软件重用技术，软件重用技术也不等于 OO 技术，两者之间的关系如图 1.5 所示。

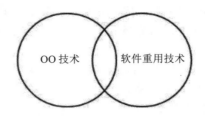

图1.5 OO技术与软件重用技术的关系

也就是说，OO技术与软件重用技术之间并不存在相互包含的关系，OO技术既不是软件重用技术的充分条件，也不是软件重用技术的必要条件。

公认的面向对象大师，也是UML创始人之一的Grady Booch在2004年"IBM Developer Works Live"访谈中讲过的一段流传甚广的话："我对面向对象编程的目标从来就不是复用。相反，对我来说，对象提供了一种处理复杂性问题的方式。这个问题可以追溯到亚里士多德：你把这个世界视为过程还是对象？在面向对象兴起运动之前，编程以过程为中心，例如结构化设计方法。然而，系统已经到达了超越其处理能力的复杂性极点。有了对象，我们能够通过提升抽象级别来构建更大的、更复杂的系统。我认为，这才是面向对象编程运动的真正胜利。"

利用继承可以开发更贴近现实的模型，使得模型更简洁。继承的另一个好处是，可以保证类之间的一致性，父类可以为所有子类定制规则，子类必须遵守这些规则。许多面向对象的程序设计语言提供了这种实现机制，如C++中的虚函数、Java中的接口等。

在子类中可以增加或重新定义所继承的属性或方法，如果是重新定义，则称为覆盖（override）。与覆盖很相似的一个概念是重载（overload），指的是一个类中有多个同名的方法，但这些方法在操作数或操作数类型上有区别。覆盖和重载是OO技术中很常见的两个术语，也很容易混淆。下面举例说明这两个概念之间的区别。

覆盖的例子如下：

```java
public class A{
    String name;
    public String getValues(){
        return"Value is:"+name;
    }
}
public class B extends A{
    String address;
    public String getValues(){
        return"Value is:"+address;
    }
}
```

其中，类B是类A的子类，类B中定义的getValues()方法是对类A的getValues()方法的覆盖。

重载的例子如下：

```
public class A{
    int age;
    String name;
    public void setValue(int i){
        age=i;
    }
    public void setValue(String s){
        name=s;
    }
}
```

类 A 定义了两个 setValue()方法，但这两个方法的参数不同。当一个对象要使用类 A 中对象的 setValue()方法时，根据传入参数类型可以确定具体要调用的是哪个方法。

继承可分为单继承和多继承，单继承指的是子类只从一个父类继承，而多继承指的是子类从多于一个的父类继承。

图 1.6 所示是单继承的例子。其中，交通工具"Vehicle"是父类，地面交通工具"GroundVehicle"和水上交通工具"WaterVehicle"是子类。

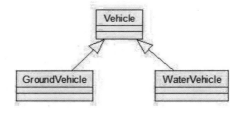

图 1.6 单继承示例

图 1.7 所示是多继承的例子。其中，两栖交通工具"AmphibiousVehicle"同时继承了地面交通工具和水上交通工具的功能。

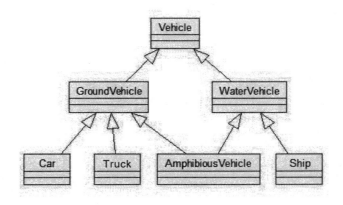

图 1.7 多继承示例

多继承虽然比较灵活，但可能会带来"命名冲突"的问题。如果是在实现阶段，不同的程序设计语言可能会有不同的处理方式。例如，C++是采用成员名限定方式解决，

Eiffel 是采用方法再命名机制解决，而 Java 干脆不支持多继承，如果要实现类似多继承的功能，则采用接口来实现。

### 1.6.5  多态

从字面上来理解，多态（polymorphism）就是有多种形态的意思。在面向对象技术中，多态指的是使一个实体拥有在不同上下文条件下具有不同意义或用法的能力。

多态往往和覆盖、动态绑定（dynamic binding）等概念结合使用。多态属于运行时处理的问题，而重载是编译时处理的问题。

图 1.8 所示是多态的例子。在图 1.8 所示的继承结构中，可以声明一个 Graph 类型对象的变量，但在运行时，可以把 Circle 类型或 Rectangle 类型的对象赋给该变量。也就是说，该变量所引用的对象在运行时会有不同的形态。如果调用 draw()方法，则根据运行时该变量是引用 Circle 还是 Rectangle 来决定调用 Circle 中的 draw()方法还是 Rectangle 中的 draw()方法。

多态是保证系统具有较好的适应性的重要手段之一，也是使用 OO 技术所表现出来的一个重要特征。

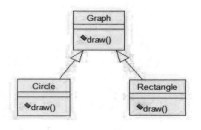

图 1.8  多态示例

### 1.6.6  消息

消息（message）就是向对象发出的服务请求。它包含了提供服务的对象标识、服务（方法）标识、输入信息和回答信息等。

面向对象方法的原则之一就是，通过消息进行对象之间的通信。面向对象方法的初学者常把消息等同于函数调用，事实上两者之间存在区别。消息可以包括同步消息和异步消息，如果消息是异步的，则一个对象发送消息后就继续自己的活动，不等待消息接收者返回结果；而函数调用往往是同步的，函数调用者要等待接收者返回结果。

使用"消息"这个术语更接近人们的日常思维，且其含义更具有一般性。

# 第2章
# UML 与 Rational Rose 概述

## 2.1 为什么要学习 UML

世上并无完美的事情，尽管面向对象有诸多优势，但它也有着与生俱来的缺陷。

在第 1 章中我们看到了零件是如何按照规则组装出一辆汽车的。然而细心的读者可能会产生这样的疑问：你只告诉了我们利用零件能够组装出我们需要的功能，但是却没有告诉我们零件是怎么来的？难道零件是从石头里蹦出来的吗？符合规则的标准零件是如何设计和制造出来的？

我承认现在这个结构可以完成特定的功能，但我还是不明白，如果我用另一些零件，换另一个组装规则，就不能完成相同的功能了吗？为什么是这个结构而不能是另一个？这个结构到底是怎样实现此功能的呢？

零件是标准的，组装规则是可以变化的，这意味着我可以任意改变规则来组装它们。显然，即使是任意地组装，它们也必然表达了某种特定的功能。那么我随意组装出来的结构表达了什么功能呢？

上述疑问实质上体现了现实世界和对象世界的差距：

对象是怎么被抽象出来的？现实世界和对象世界看上去差别很大，为什么要这样抽象而不是那样抽象呢？（Why）

对象世界由于其灵活性，可以任意组合，可是我们怎么知道某个组合就正好满足了现实世界的需求呢？什么样的组合是好的，什么样的组合是差的呢？（How）

抛开现实世界，对象世界非常难以理解。如果只给我一个对象组合，我怎么做才能理解它表达了怎样的含义呢？（What）

在实际工作中，我们常常设计出许多类以满足某个需求。但是如果要问为什么要这样设计，为什么是 5 个类而不是 7 个类？为什么是 10 个方法而不是 12 个方法？能很好地回答这个问题的人并不多，绝大部分人的回答是凭经验。经验是宝贵的，但经验有时也是靠不住的。从需求到设计，从现实世界到对象世界，许多类凭设计师的经验就设计出来了。而经验不足的设计师们，在面对一个复杂需求的时候，只能不断尝试着构建出几个类，拼一拼，凑一凑，发现解决不了问题，再重新来过……许多项目就是在这样的尝试中最终失败的。

现实世界和对象世界之间存在一道鸿沟，这道鸿沟的名字就叫作"抽象"。抽象是面向对象思想的精髓所在，同时也是面向对象的困难所在。实际上要想跨越这道鸿沟，我们需要 3 种方法：

- 一种把现实世界映射到对象世界的方法。
- 一种用对象世界描述现实世界的方法。
- 一种验证对象世界行为是否正确反映了现实世界的方法。

幸运的是，UML 背后所代表的面向对象分析设计方法，恰好架起了跨越这道鸿沟的桥梁。

UML 是 Unified Modeling Language（统一建模语言）的缩写。Booch 在其经典的 *The Unified Modeling Language User Guide* 一书中对 UML 的定义是"UML 是对软件密集型系统中的制品进行可视化、详述、构造和文档化的语言。"定义中所说的"制品"（artifact）是指软件开发过程中产生的各种各样的产物，如模型、源代码、测试、用例等。

在计算机图形学中，有一句名言，叫作"一幅图顶得上一千个字"。同样地，在软件开发过程中，模型的重要性也非常明显，它可以达到以下目的：

- 使用模型可以更好地理解问题。
- 使用模型可以加强人员之间的沟通，使用模型可以更早地发现错误或疏漏。
- 使用模型可以获取设计结果。
- 模型为最后的代码生成提供依据。

如上所述，UML 是一种建模用的语言，而所有的语言都是由基本词汇和语法两个部分构成的，UML 也不例外。UML 定义了一些建立模型所需要的、表达某种特定含义的基本元素，这些元素称为元模型，相当于语言中的基本词汇，如用例、类等。另外，UML 还定义了这些元模型彼此之间相互关系的规则，以及如何用这些元素和规则绘制图形以建立模型来映射现实世界，这些规则和图形称为表示法或视图（View），相当于语言中的语法。如同我们学习一种自然语言一样，学习 UML 无非是掌握基本词汇的含义，再掌握语法，通过语法将词汇组合起来形成一篇有意义的文章。UML 与其他自然语言和编程语言在原理上并无多大差别，无非是 UML 这种语言是用来写说明文的，它用自然世界和计算机逻辑都能理解的表达方式来说明现实世界。

然而，即使是同样的语言、同样的文字、同样的语法，有的人能够用其写出优秀的小说和瑰丽的诗句，有的人却连一封书信都写不通顺。这所以会有这种差别，除了写作人对语言掌握的功力差异之外，更重要的是写作人自己的思想和理念差异。因此，比学会用 UML 建模本身更重要的是理解 UML 统一建模语言背后所隐含的最佳实践。

谈到语言，我们无法回避的一个问题是沟通。如果不能用于沟通，那语言就没有意义。而要最大程度地进行沟通，那么最好的办法就是创造一种大家都认同的语言。

其他学科领域中往往都有该学科的通用语言。例如图 2.1 所示的积分算式，凡是学过微积分的人都明白这是在求积分，因为数学中自身使用的积分算式是统一的。

$$\int_0^\infty \frac{1}{x^2}\,dx$$

图 2.1 数学中使用的积分算式

同样地，对于音乐家、电子工程师等也一样，他们均使用各自领域内的"通用语言"进行交流。

对于软件工程师来说，以前在做分析和设计时缺乏这样的"通用语言"，往往是不同的人使用不同的方法和建模语言。自从 UML 统一建模语言出现后，越来越多的软件工程师开始用 UML 进行系统分析和设计。

目前，随着软件工程不断成熟，软件开发越来越朝着专业化和横向分工化发展。以前人们认为，从需求分析到代码是一个紧密联系的过程，是不可分离的，一旦分离就会导致高成本和高技术风险。然而，与现代工业的分工越来越细化和专业化的趋势一样，软件行业的需求、分析、设计、开发等过程也被分离开来并专业化。需求分析由专门的需求分析团队来做，甚至会委托给咨询公司；系统分析由专门的系统分析团队来做；设计由专门的设计团队来做……以往，开发人员是项目的中心，一个开发人员常常要从需求分析一直做到编码；而现在，程序员只负责根据设计结果进行编码，设计师只负责根据需求分析结果进行设计，项目组里还有架构师、质量保证小组等许多参与者各自担负着自己的职责，在软件工程的约束下相互协作来完成一个项目。软件开发工作被横向分工化的一个典型的例子便是软件外包，承包商采集需求，设计团队进行设计，然后把编码工作外包给另一个公司来完成。

软件开发工作中这种将参与者细分、将职责明确的做法，在提高专业化和资源效率的同时也带来了严重的沟通问题。假如承包商采用一种自己的方法来做需求分析，由于设计团队不熟悉这种方法，在理解需求文档的过程中就会产生误解；如果编码团队也不熟悉设计师的设计文档，很可能再次产生信息歧义。文档从一个参与者传向另一个参与者、从一个组织传向另一个组织的过程中如何保证信息被准确地传达和理解呢？一种较好的方法就是大家都使用统一的或者说标准化的语言。UML 统一建模语言的意义也正在于此，它试图用统一的语言来覆盖整个软件过程，让不同的团队操着同一个口音顺畅地沟通。

对于软件开发可以有很多比喻，这些比喻有助于帮助读者加深对软件开发的认识。如果以建造房子作比喻，那么编写一个小程序就像是建造一个简单的茅草屋，可能只要几个人用几天的时间就完成了。而开发大型软件系统就像是建造一座摩天大楼，需要很多人协作完成，需要有可行性分析、设计蓝图、施工、验收等过程，在投入使用后还要进行维护。建筑师在设计大厦时会考虑体系结构问题。建造房子时可以使用预先做好的预制件，而不用从一砖一瓦开始做起，同样，开发软件时也可以使用别人已做好的构件来缩短开发时间、提高产品质量。

如果以建造房子作比喻，那么学习 UML 的过程，就是学习如何从建筑工人成长为建筑师的过程。软件工程师不能只简单地掌握砌砖垒墙的技术，还应该有建造高楼大厦的能力。

　　当然，把软件开发比作建造房子只是为了帮助读者理解软件开发中的一些概念，这两者之间是有本质上的区别的。主要区别在于，软件开发得到的软件是人的智力活动的结果，而不是一个具体的有形建筑。

## 2.2 UML 的发展历史

如图 2.2 所示为 UML 的发展历史简图。

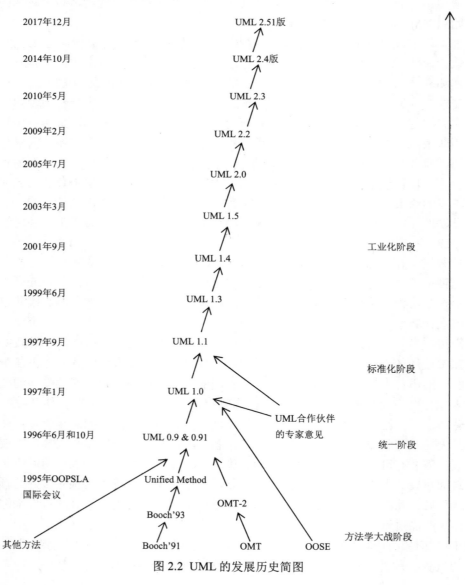

图 2.2 UML 的发展历史简图

UML 是由世界著名的三位面向对象技术专家 G. Booch、J. Rumbaugh 和 I. Jacobson 发起的，在 Booch 方法、OMT 方法和 OOSE 方法的基础上，汲取其他面向对象的优点，广泛征求意见，几经修改完成的。UML 得到了诸多大公司的支持，如 IBM、HP、Oracle、Microsoft 等，已成为面向对象技术领域内占主导地位的统一建模语言，Booch、Rumbaugh 和 Jacobson 经常被称作"三个好朋友"（three amigos）。

在 UML 统一建模语言成为标准语言之前，有很多的 OO 方法，每种方法的推崇者都声称自己的方法更好，出现所谓的"方法学大战"（method wars），如 1988 年 Shlaer-Mellor 提出的面向对象的系统分析（Object-Oriented Systems Analysis）方法；1990 年 Rebecca Wirfs-Brock 提出的职责驱动（Responsibility-Driven）CRC 卡片法（CRC Cards）；1991 年 Peter Coad 和 Edward Yourdon 提出的 OOA/OOD 方法，由于该方法简单且容易掌握、提出的时间又早，所以在国内很流行，以前国内的很多介绍面向对象方法的书籍大多是介绍 OOA/OOD 方法的；当然，还包括 1991 年 Grady Booch 提出的 Booch 方法；1991 年 J. Rumbaugh 提出的 OMT 方法，等等，此处不再一一列举。

随着 UML 被 OMG 采纳为建模语言，面向对象领域的方法学大战也宣告结束，这些方法的提出者很多也开始转向 UML 方面的研究。

## 2.3 UML 的特点

UML 的主要特点可归纳为以下几点：

- 统一的标准。UML 已被 OMG 接受为标准的建模语言，越来越多的开发人员开始使用 UML 进行软件开发，越来越多的开发厂商开始支持 UML。
- 面向对象。UML 是支持面向对象软件开发的建模语言。
- 可视化、表示能力强大。
- 独立于过程。UML 不依赖于特定的软件开发过程，这也是 UML 能被广大软件开发者接受的原因之一。
- 概念明确，建模表示法简洁，图形结构清晰，容易掌握和使用。

初学者往往弄不清楚 UML 语言和程序设计语言的区别。事实上，Java、C++等程序设计语言是用编码实现一个系统，而 UML 是对一个系统建立模型，这个模型可以由 Java 或 C++等程序设计语言实现，它们是在不同的软件开发阶段使用的。现在已经有一些软件工具可以根据 UML 所建立的系统模型来产生一些代码框架，这些代码框架是用 Java、C++或其他程序设计语言实现的。

需要注意的是，UML 不是一个独立的软件开发方法，而是面向对象软件开发方法中的一部分。一般说来，软件开发方法应该包括表示符号和开发过程的指导原则，但 UML 没有关于开发过程的说明。也就是说，UML 并不依赖于特定的软件开发过程，其实这也是 UML 有强大生命力的原因之一。Martin Fowler 认为，对于建模语言确实有必要制定一个标准，但对于开发过程，是否也有必要制定一个标准呢？答案显然是否定的。

为了更好地理解 UML，可以把 UML 中所提供的标准图符比作英语中的 26 个字母。要学习写作，必须先学会字母，再学习单词和语法，然后才能进一步创作出优秀的作品。同样，要设计软件，首先要懂得 UML 中的图符，然后再学习面向对象分析和设计的原则，才能设计出优秀的软件。学习面向对象分析和设计方法就是学习如何活用 UML 中的图符，以及活用时所必须遵循的原则及步骤。

# 2.4 UML 的构成

图 2.3 是 UML 的构成图。UML 中有以下 3 类主要元素：

- 基本构造块（basic building block）；
- 规则（rule）；
- 公共机制（common mechanism）。

其中基本构造块又包括以下 3 种类型：

- 事物（thing）；
- 关系（relationship）；
- 图（diagram）。

其中事物又分为以下 4 种类型：

- 结构事物（structural thing）：UML 中的结构事物包括类（class）、接口（interface）、协作（collaboration）、用例（use case）、主动类（action class）、构件（component）和节点（node）；
- 行为事物（behavioral thing）：UML 中的行为事物包括交互（interaction）和状态机（state machine）；
- 分组事物（grouping thing）：UML 中的分组事物是包（package）；
- 注释事物（annotational thing）：UML 中的注释事物是注解（note）。

关系有以下 4 种类型：

- 依赖（dependency）；
- 关联（association）；
- 泛化（generalization）；
- 实现（realization）。

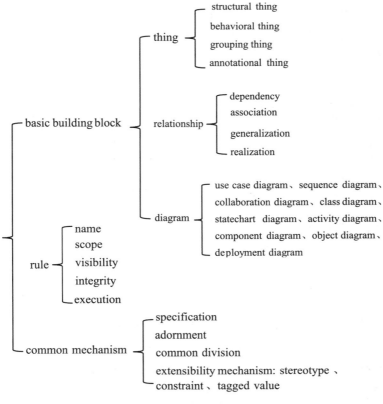

图 2.3 UML 的构成图

后续章节中会对以上 UML 中的常用元素作详细介绍。

在 UML 中，共有 9 种类型的图，即用例图（use case diagram）、顺序图（sequence diagram）、协作图（collaboration diagram）、类图（class diagram）、状态图（statechart diagram）、活动图（activity diagram）、构件图（component diagram）、对象图（object diagram）和部署图（deployment diagram）。

在上述 9 个图中，有些非常重要，如用例图、类图；有些相对不重要，如对象图、构件图、部署图等。UML 中部分图之间的关系如图 2.4 所示，其中用例图是在需求获取阶段使用的图，活动图、类图、顺序图是在分析阶段使用的图，状态图、类图、对象图、协作图是设计阶段使用的图，当然这种划分不是绝对的，因为在面向对象的方法中，分析阶段和设计阶段本来就没有明确的界限。

上面讨论的是 UML 中的基本构造块，此外，UML 定义了 5 个方面的语义规则，即命名（name）、范围（scope）、可见性（visibility）、完整性（integrity）和执行（execution）。

UML 中还包括 4 种类型的通用机制，即规范说明（specification）、修饰（adornment）、通用划分（common division）和扩展机制（extensibility mechanism），其中扩展机制包括版型（stereotype）、标记值（tagged value）和约束（constraint）3 种类型。

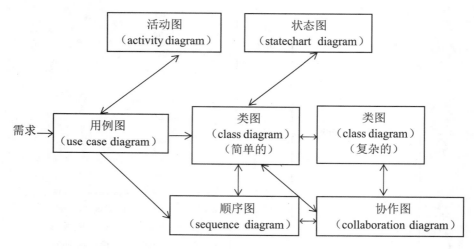

图 2.4 UML 中部分图之间关系

# 2.5 UML 的视图

UML 中的视图包括用例视图（Use case View）、逻辑视图（Logical View）、实现视图（Implementation View）、进程视图（Process View）、部署图（Deployment View）等，这 5 个视图一般称作"4+1"视图，如图 2.5 所示。用例视图用于表示系统的功能性需求；逻辑视图用于表示系统的概念设计和子系统结构等；实现视图用于说明代码的结构；进程视图用于说明系统中的并发执行和同步情况；部署图用于定义硬件节点的物理结构。

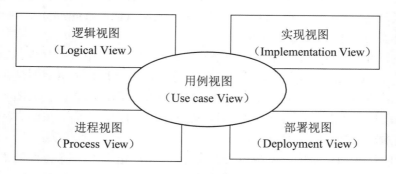

图 2.5 "4+1" 视图

UML 中的"4+1"视图最早是由 Philippe Kruchten 提出的，Kruchten 将其作为软件体系结构的表示方法，因比较合理而被广泛接受。需要说明的是，UML 中的视图并不是只有这 5 个，视图只是 UML 中图的组合，如果用户认为这 5 个视图不能完全满足需要，也可以定义自己的视图。

## 2.6 UML 的应用领域

UML 的应用领域非常广泛，其中最常用的是为软件系统建模，UML 可以对以下领域的软件系统建模：企业信息系统、银行金融服务、电信、交通、国防/航空、零售领域、科学计算、分布式的基于 Web 的服务。

当然，UML 并不仅限于对以上应用领域的软件系统建模，甚至也不限于对软件系统建模。UML 还可用来描述其他非软件系统，如一个机构的组成或机构中的工作流程等。

UML 可应用于系统开发的各个阶段。在分析阶段，用户需求采用 UML 用例图来描述；在设计阶段，引入具体的类来处理用户接口、数据库存取、通信和并行性等问题；在实现阶段，用面向对象程序设计语言将来自设计阶段的类转换成实际的代码；在测试阶段，UML 模型可作为生成测试用例的依据，如进行单元测试时使用类图和类规格说明，集成测试时使用构件图和协作图，系统测试时使用用例图来验证系统的行为等。

## 2.7 UML 的应用示例

下面用一个简单的学生选课的例子来说明 UML 中的基本概念，以便读者对 UML 有一个基本的认识。

图 2.6 所示为一个典型的用例图，该图描述了学生选课的情况。从图 2.6 中可以看出，一个用例图主要包括 3 个元素：执行者（学生）、用例（选修课程）、执行者与用例之间的关系。

图 2.6 学生选修课程的用例图

图 2.7 所示为由学生选课系统中抽出来的"学生"类和"课程"类组成的学生选课类图，两个类之间的连线表示两个类之间的关联。

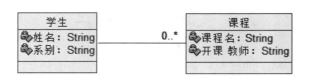

图 2.7 学生选课类图

图 2.8 所示为学生选课活动图的两种判断条件的简单示例。该图表示一个选课过程，如果学生输入课程名称符合该学生选修课程的条件，则该学生选中课程；否则，系统给出错误提示。

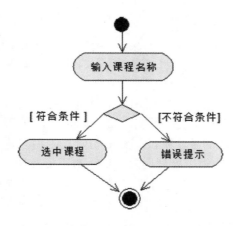

图 2.8　学生选课活动图

图 2.9 所示为学生选课顺序图，该顺序图强调了学生、课程、选课通知单和服务器之间消息的发送顺序，也显示了它们之间的交互过程。

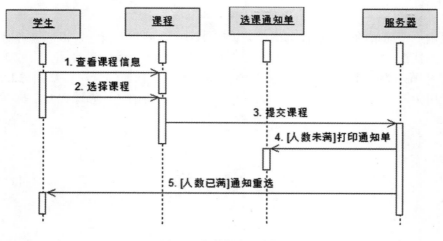

图 2.9　学生选课顺序图

## 2.8　支持 UML 的工具

目前有很多支持 UML 的工具，如 Rational Rose、Together、StarUML2、Enterprise Architect 15.1、ArgoUML。其中 Rational Rose 是 Rational 公司开发的用于分析和设计面向对象软件系统的工具，可以与 Rational 公司的其他开发工具如 ClearCase、RequisitePro

等很好地集成，目前有较高的市场占有率。Borland 公司的 Together 是用纯 Java 语言开发的支持 UML 的工具，而 ArgoUML 是开放源代码项目，用户可以获得其源代码。当然，还有很多其他工具，如 Visio、Visual UML 等。

# 2.9 Rational Rose 简介

Rational Rose 是 Rational 公司出品的一种采用面向对象的统一建模语言的可视化建模工具，该软件多年连续更新，现在常用的新版为 2018 版，因核心功能差异不大，本书以最普及的 2007 版为基础进行介绍。该软件用于可视化建模和公司级水平软件应用的组件构造、专业的 Web 开发、数据建模、Visual Studio 和 C++环境建模工具。

Rational Rose 主要用来实现以下功能：对业务进行建模，建立对象模型，对数据库进行建模，且可以在对象模型和数据模型之间进行正、逆向工程，相互同步，建立构建模型，生成目标语言的框架代码。

Rational Rose 2007 具体安装步骤如下：

（1）找到 Rational Rose 软件包所在目录，执行安装程序，弹出运行对话框，如图2.11 所示。

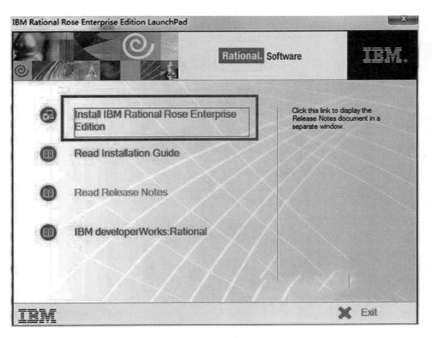

图 2.11 运行对话框

（2）在安装向导对话框中选择第一项"Install IBM Rational Rose Enterprise Edition"弹出图 2.12 所示的"Deployment Method"（选择部署方法）对话框。

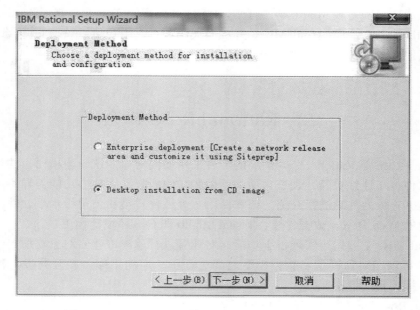

图 2.12 "Deployment Method"（选择部署方法）对话框

（3）在对话框中选择第二项"Desktop installation from CD image"，单击"下一步"按钮，弹出如图 2.13 所示的安装向导对话框。

图 2.13 安装向导对话框

（4）在对话框中单击"Next"按钮，弹出图 2.14 所示的"Product Warnings"（产品警告）对话框。

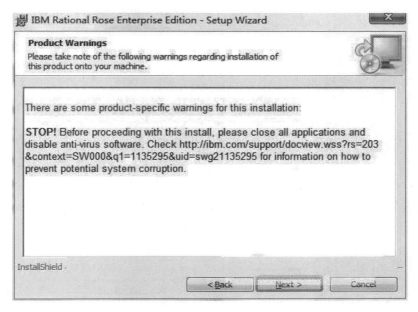

图 2.14 "Product Warnings"（产品警告）对话框

（5）在对话框中单击"Next"按钮，弹出图 2.15 所示的"软件许可证协议"对话框。

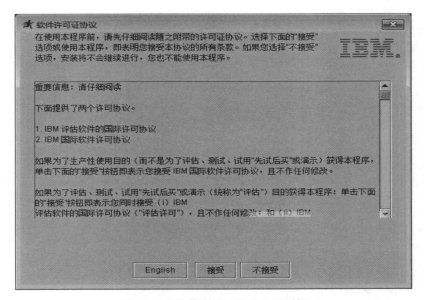

图 2.15 "软件许可证协议"对话框

（6）在"软件许可证协议"对话框中单击"接受"按钮，弹出如图 2.16 所示的"Destination Folder"（目标文件夹）对话框。

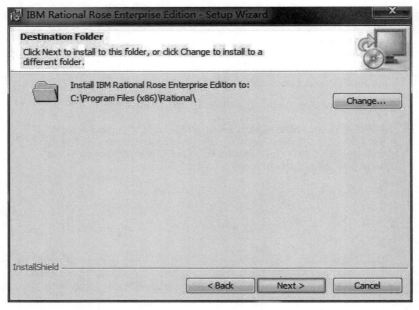

图 2.16 "Destination Folder"（目标文件夹）对话框

（7）选定目标文件夹后，单击"Next"按钮，弹出图 2.17 所示的"Custom Setup"（定制安装）对话框。

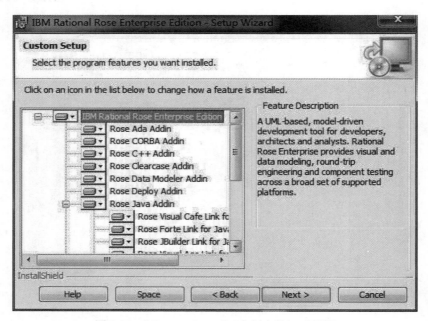

图 2.17 "Custom Setup"（定制安装）对话框

（8）在对话框中单击"Next"按钮，弹出图 2.18 所示的"Ready to Install the Program"（准备安装程序）对话框。

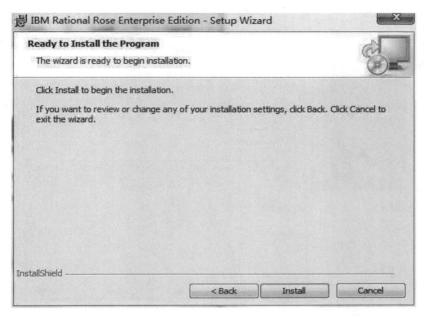

图 2.18 "Ready to Install the Program"（准备安装程序）对话框

（9）在对话框中单击"Install"按钮，开始安装，弹出图 2.19 所示的"License Key Administrator Wizard"（许可证管理向导）对话框。

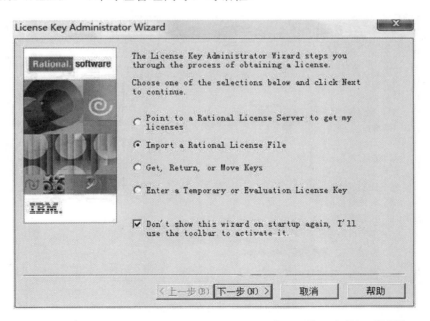

图 2.19 "License Key Administrator Wizard"（许可证管理向导）对话框

（10）在对话框中选择第二项"Import a Rational License File"，单击"下一步"按钮，弹出图2.20所示的"Import a License File"（输入许可证文件）对话框。

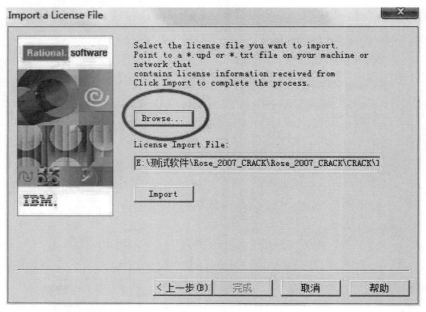

图2.20 "Import a License File"（输入许可证文件）对话框

（11）在对话框中单击"Browse"按钮并选择图 2.21 所示的安装包下的许可证文件"license.upd"，然后单击"打开"按钮。

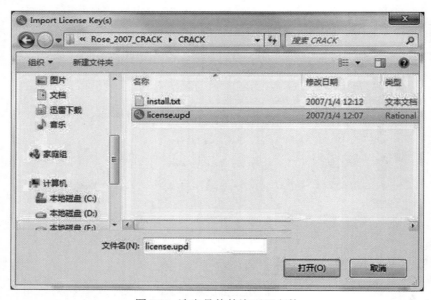

图2.21 选定具体的许可证文件

（12）Rational Rose 软件安装完成。

Rational Rose 软件安装成功后即可启动。Rational Rose 启动后，首先会弹出图 2.22

所示的"Create New Model"（新建模型）对话框，用来设置本次启动的初始动作，该对话框中共有 3 个选项卡，分别是"New"（新建模型）、"Existing"（打开现有模型）、"Recent"（最近打开模型）。

Rational Rose 启动后默认使用第一个标签页"New"，用来选择新建模型时使用的模板。如果新建模型中不需要模板支持，则可以单击"Cancel"按钮，直接进入 Rational Rose 的主界面。

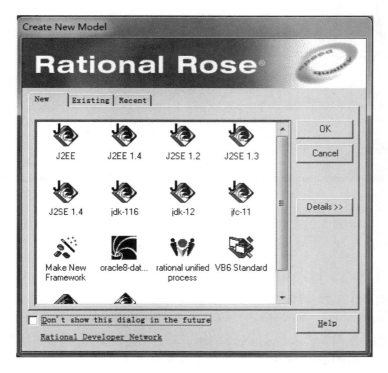

图 2.22 "Create New Model"（新建模型）对话框

如图 2.23 所示，Rational Rose 的主界面主要包括标题栏、主菜单、工具栏、浏览器、文档窗口、日志窗口和工作窗口。各部分的功能简介如下：

① 标题栏：用来显示当前处于编辑状态的模型的名称，由于图 2.23 所示的模型刚刚建立还未保存，因此标题栏上显示"（untitled）"。

② 主菜单：集成了系统所有的操作功能，包括"File"（文件）、"Edit"（编辑）、"View"（视图）、"Format"（格式）、"Browse"（浏览）、"Report"（报告）、"Query"（查询）、"Tools"（工具）、"Add-Ins"（插件）、"Window"（窗口）和"Help"（帮助）11 个菜单项。多数菜单项都有二级菜单，甚至三级菜单。利用菜单项可以便捷地进行各种操作。

③ 浏览器：是模型的管理区域，它以树形结构显示当前整个 UML 模型的层次结构。也就是说，在 UML 模型中存在着不同层次的包。具体介绍如下。

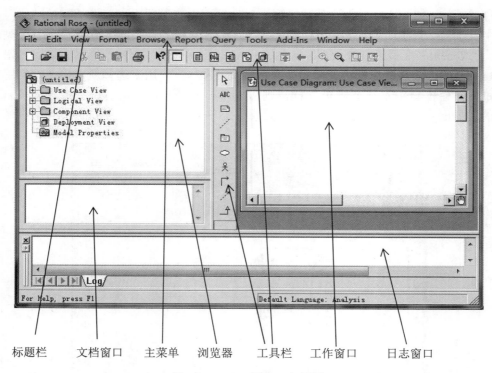

标题栏　　文档窗口　　主菜单　　浏览器　　工具栏　　工作窗口　　日志窗口

图 2.23　Rational Rose 主界面

● 顶层包：模型的根，表示当前正在设计开发的软件系统。

顶层包下有 5 个子包，即视图：Use Case View（用例视图）、Logical View（逻辑视图）、Component View（构件视图，即实现视图）、Deployment View（部署图）和 Model Properties（模型特性）。下面将分别说明各个视图中的模型组织方式。

● 模型：在用例视图中可以创建业务用例模型、（系统）用例模型等，在逻辑视图中可以创建领域模型、分析模型、设计模型等模型管理包来组织不同阶段的建模结果。

● 子系统：在各处"视图"或"模型"中，也可用包来表示不同的子系统。

● 层：一个系统或一个子系统中的逻辑划分。

● 包：对应于编程实现的命名空间、文件夹或是逻辑分组。

浏览器可以显示模型以及迅速定位元素。在浏览器各个视图显示状态，可以进行如下操作：添加模型元素和图；浏览现有模型元素以及它们之间的关系；移动模型元素；重新命名模型元素；将选中的模型元素添加到图中；将文件或 URL 链接到元素上；将元素组成包；访问元素的详细规范等；打开模型图等。

④文档窗口：用于查看或修改模型元素的说明信息。例如，可以在文档窗口中编写用例或类的简要说明。

将文档加进类中时，在文档窗口中输入的信息都显示为所产生代码的注释语句，这样就不需要再输入注释语句了。文档还会出现在 Rational Rose 产生的报表中。

在浏览器或工作窗口中选择不同的元素时，文档窗口会自动更新显示所选元素的文档信息。

⑤ 工具栏：借助 Rational Rose 的工具栏可以快速访问常用命令。Rational Rose 中有两个工具栏：标准工具栏和绘图工具栏。标准工具栏位于系统菜单下方，包括了所有视图中都可以使用的通用命令按钮。绘图工具栏位于绘图窗口的左侧，绘图工具栏内的按钮随工作窗口中显示的图的不同而发生改变。

无论是哪个工具栏，要了解其中各种按钮的功能和含义，可将鼠标静指向该按钮，等待片刻，鼠标箭头下方便会出现其功能说明。同时，两个工具栏均可以由用户自定义，用户可根据自己的需要自行添加或删除按钮。

⑥ 工作窗口（也称绘图窗口）：在工作窗口中，可以打开模型中任意一张图，并利用左侧绘图工具栏对图进行浏览和修改。修改图中元素时，Rational Rose 会自动更新浏览器。同样，在浏览器中改变元素时，Rational Rose 也会自动更新工作窗口中相应的图，这样可以保证模型的一致性。

⑦ 日志窗口：显示系统的一些重要信息，用于提示用户。该窗口所显示的信息包括系统错误、用户操作记录等。

# 第 **3** 章
## 用例图：建模的开始

## 3.1 什么是建模

建模（modeling）是指，通过对客观事物建立一种抽象的方法，用以表征事物并获得对事物本身的理解，同时把这种理解概念化，将这些逻辑概念组织起来，构成一种对所观察的对象的内部结构和工作原理的便于理解的表达。

上述建模定义比较抽象和难以理解。那简单地说，什么是建模呢？建模其实就是对现实的抽象。

我们怎么认识和描述这个世界，唯物主义？形而上学？唯心主义？同样的事物在持有不同世界观的人眼里会产生不同的结果。软件针对现实世界的建模过程也会因为"世界观"不同而有所不同。简言之，就是面向对象和面向过程两种不同的软件方法将导致不同的建模结果。显然，UML 是面向对象的，因此用 UML 建模必须采用面向对象的观点，否则本来准备画一只虎，结果可能是一只猫。如果不能确定你是否在用面向对象方法进行思考，可以在本书后面的实例中去检验，实例检验同样有助于学习面向对象的思维。

现在来做一个小测试，请在 30 秒内说出尽可能多的筷子、勺子和盘子三者的相同点和不同点。

这个看似简单的问题其实反映了你是否习惯于以抽象的方法去看待事物。在不知不觉中，每一组相同点和不同点都来自你的一个抽象角度。例如，当从用途的角度去抽象时，它们的相同点可能是三者都是餐具，而不同点是筷子是用于夹的，勺子是用于舀的，盘子是用于盛的；从使用方法的角度去抽象，它们的相同点都是需要用手拿，不同点是手的动作不同；甚至可以从字面上来理解，它们的相同点是都带了一个"子"字……同样是这个事物，从不同的抽象角度可以得出非常不同的结果。

实际上，抽象角度的不同决定了建模方向的不同。在确定抽象角度以后，你会在不知不觉中为这 3 个事物建立起模型，并据此来得出三者的相同点和不同点。例如，当从用途的抽象角度去考虑时，你会在脑子里为这 3 个事物建立起一个人用餐的业务逻辑模型，并且这三者在这个业务逻辑模型中表现出了各自的职责和特别的属性。

回到软件建模上来，通过小测验你应该明白，当你试图为现实世界建模的时候，首先要决定的是抽象角度，一旦确定了抽象角度，剩下的事情就变得明晰起来，而不再是杂乱无章的。

如果你对这个说法感到疑惑，请回想一下在实际项目中，当我们试图去做需求分析、面对大量需求资料时，是否有时候会感觉到无从下手？当我们试图去做一个设计，是否有时候会感觉到力不从心？这个时候与其说是分析经验不足或是设计能力不够，不如说是你还没有找到明确的抽象角度。面向对象与面向过程的不同之处在于，面向过程希望你通盘考虑，这时问题变得复杂化；而面向对象希望你通过抽象角度把事物分解成小块，问题就变得简单化。正如同上面的小测试，在没有明确抽象角度之前，我们不知道从哪里着手回答，也不知道回答得是否准确。如果加一个条件，变成请在 30 秒内说出在使用上筷子、勺子和盘子有什么相同点和不同点，这个问题就变得很容易回答了。

再举一个更容易理解的例子。让我们想象一下城市里遍布的摄像机，虽然它们拍摄的都是同一座城市，但不同的机位看到的情景是不同的，每个机位都反映出了城市的一个方面。如果我们要认识这个城市，就需要先明确我们想了解城市的什么内容，然后选择最具代表性的机位，从各个机位采集信息，并分析这些信息的相关性，最后作出逻辑解释。

城市就是我们面临的问题领域，而机位就是抽象角度。实际需求引导我们去寻找适合的机位，从而找到适合的抽象角度。接下来，分析工作就能顺利展开了。

不论是在需求分析、系统分析还是系统设计阶段，我们一定要学会采用面向对象的方法，在面对问题领域的时候首先要找出问题领域里包含的抽象角度。虽然这些抽象角度在思考的时候可能是互不关联的，但如果你把抽象角度选得正确了，并且将这些角度全部分析清楚了，问题领域也就解决了。

具体来说，做需求的时候，首要目标不是弄清楚业务是如何一步一步完成的，而是要弄清楚有多少业务参与者，每个参与者的目标是什么。参与者的目标就是你的抽象角度。与分析一个复杂的业务流程相比，单独分析参与者的目标要简单得多。实际上，这就是用例。这也就是用例会成为业务建模方法的原因之一。

# 3.2　用例驱动

用例驱动是统一过程的重要概念，或者说整个软件生产过程就是由用例驱动的。用例驱动软件生产过程是非常有道理的。再次回顾建模的定义很容易得出一个推论：要解决问题领域就要归纳出所有必要的抽象角度（用例），为这些用例描述出可能的特定场景，并找到实现这些场景的事物、规则和行为。再换个说法，如果我们找到的那些事物、规则和行为实现了所有必要的用例，那么问题领域就解决了。总之，实现用例是必须做的工作，一旦实现了用例，问题领域也就解决了。这就是用例驱动方法的原理。

在实际的软件系统中，软件系统要实现的功能通过用例来捕获，接下来的所有分析、设计、实现、测试都由用例来驱动，即以实现用例为目标。在统一过程中，一个用例就是一个分析单元、设计单元、开发单元、测试单元甚至是部署单元。

## 3.3 用例图基本概念

用例图与协作图、顺序图、活动图共同组成了用例视图。

用例图是需求分析的第一步，描述系统的功能需求集合，是我们工作的开始。

在 UML 中，用例图用椭圆来表示，用于记录用户或外界环境从头到尾使用系统的一系列事件。用户被称为"角色"或者"参与者"（actor）。参与者可以是人，也可以是另一个系统。它与当前的系统进行交互，向系统提供输入或从系统中得到输出，用一个人形标记表示。用例图显示了用例和参与者之间的关系。在 UML 中，关系用实线表示，实线可以有箭头，也可以没有箭头。图 3.1 所示为用例图的应用示例。

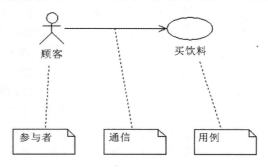

图 3.1 用例图的应用示例

例如，要设计一个自动饮料售货机，首先要从用户的角度考察它的功能。

自动饮料售货机能做什么？至少能卖给用户饮料。所以可以为这个自动饮料售货机系统设计一个名为"买饮料"的用例。图 3.1 所示为自动饮料售货机中顾客买饮料的用例图。在该用例中，顾客是参与者，买饮料是用例，顾客和系统之间通过界面（按键、菜单等）进行通信。

## 3.4 参与者

### 3.4.1 参与者的概念

参与者是指系统以外的、需要使用系统或与系统交互的事物，包括人、设备、外部系统等。由于 UML 最近几年才在国内流行起来，所以很多译名并没有统一，如"actor"

就有很多不同的译名，包括参与者、活动者、执行者、行动者等。本书中采用"参与者"这个称谓。

银行业务系统中可能会有以下参与者。

- 客户：从系统获取信息并执行金融交易。
- 管理人员：开办系统的用户，获取并更新信息。
- 厂商：接受作为转账支付结果的资金。
- Mail 系统。

教务管理系统中可能会有以下参与者。

- 学生：在系统中完成个人信息的查询、修改、选课、成绩查询等功能。
- 教师：在系统中完成上传学生成绩、打印所授班级的学生成绩等功能。
- 管理员：在系统中完成学籍管理、成绩管理、考试管理、调停课管理、排课管理、教学管理等功能。

系统之外的定义说明在参与者和系统之间有一个明确的边界，参与者只可能存在于边界之外，边界之内的所有人和事物都不是参与者。边界在 UML 图中有时会显式地绘制出来，有时则不会绘制出来。

一个参与者可以执行多个用例，一个用例也可以由多个参与者使用。但需要注意的是，参与者实际上并不是系统的一部分，尽管在模型中会使用参与者。

在第 5 章讲到版型的时候会提到，参与者实际上是一个版型化的类，其版型是 <<Actor>>。图 3.2 所示为参与者的 3 种表示形式。

图 3.2 参与者的 3 种表示形式

参与者可以用人形图标表示（Icon 形式），也可以用带有版型标记的类图表示（Label 形式）。一般情况下，用人形图标表示的参与者是人，用类图表示的参与者是外部系统。还有一种表示形式是 Decoration 形式，这种表示形式兼有 Icon 形式和 Label 形式的特征。

## 3.4.2　寻找和确定参与者

建模是从寻找抽象角度开始的，那么，定义参与者就是我们寻找抽象角度的开始。参与者在建模过程中处于核心地位。

在获取用例之前，首先要确定参与者，在查找过程中，可以询问以下问题帮助确定参与者：

- 谁使用系统的主要功能？
- 谁改变系统的数据？

- 谁从系统中获取数据？
- 谁负责支持和维护系统？
- 系统需要控制哪些外部资源或硬件设备？
- 系统需要和哪些外部系统交互？
- 谁对系统运行结果感兴趣？

在实际工作中，建模者常常会面临很多困惑。例如，有这样一个场景：小王到银行去开户，向大厅经理询问了办理流程，填写了表单并交给柜台职员，最后拿到银行存折。在这个场景中，谁是参与者？

按照定义，要找出谁是参与者首先要找出系统的边界。但在该场景中系统边界是不明确的，如何确定系统之外和系统之内呢？可以通过回答下面两个问题来确定，这两个问题非常有用，能帮助找出参与者并确定边界。

- 谁对系统有着明确的目标和要求并且主动发出动作？
- 系统是为谁服务的？

显然，在这个场景中，第一个问题的答案是小王有着明确的目标：开户，并且主动发出了开户请求的动作；第二个问题的答案是系统运作的结果是给小王提供了开户的服务。小王是当然的参与者，而大厅经理和柜台职员都不满足条件，在小王主动发出动作以前，他们都不会做事情，所以他们不是参与者。同时，由于确定了小王是参与者，相应地，也就明确了系统边界，包括大厅经理和柜台职员在内的其他事物都在系统边界以内。

我们确定了小王是参与者，那大厅经理和柜台职员怎么划分呢，他们不是也"参与"了业务了吗？在学习了本节后面的内容后读者可以知道，实际上大厅经理和柜台职员由于"参与"了业务，他们可以被称为"业务工人"（business worker）。

建模者也常会面临另一个问题：有些需求并没有人参与，参与者如何确定？例如，有这样一个需求：每天自动统计网页访问量，生成统计报表，并发送至管理员信箱。这个需求的参与者是谁？

在后面关于用例特征的内容部分，读者会看到代表了功能性需求的用例有一个特征是"不存在没有参与者的用例，用例不应该自动启动，也不应该主动启动另一个用例"。这说明没有人参与的需求一定有别的事物在发出启动的动作，应当找到这个事物，这个事物就是一个参与者，它可能是另一个计算机系统、一个计时器、一个传感器或者一个JMS 消息。总之，任何需求都必须至少有一个启动者，如果找不到启动者，那么可以肯定地说，这不是一个功能性需求。例如，有这样一个需求：客户提出要建立的系统界面要很友好，每个页面上都要有操作提示。这个要求就找不到启动者，我们可以肯定它不是一个功能性需求。那它是什么呢？实际上，它仅仅是补充规约中的一个要求，具体来说就是系统可用性的一个具体要求。

回到之前提出的问题，这个需求是每天自动统计网页访问量，该需求的启动者或说参与者显然是一个计时器，它每天在某一个固定的时刻启动这个需求。

查找参与者时请注意，参与者一定是直接并且主动地向系统发出动作并获得反馈的，否则它就不是参与者。为了说明如何查找参与者，我们以一个机票预定系统来举例说明，并分析以下几种情况。

情况一：机票购买者通过登录网站购买机票，那么机票购买者就是参与者。

情况二：假如机票购买者通过呼叫中心由人工座席操作订票系统购买机票，那么人工座席才是真正的参与者，而机票购买者实际上是呼叫中心的参与者。

这个事例还可以作进一步讨论。

情况三：如果机票购买者通过呼叫中心的自动语音而不是通过人工座席预订机票，那么呼叫中心就成为机票预定系统的一个参与者。这是一个参与者非人类的例子。

情况四：如果扩大系统边界，让呼叫中心成为机票预定系统的一个子系统，并且假设机票购买者可以自主选择是通过人工座席、自动语音还是登录网站预订机票，那么机票购买者是参与者，而人工座席则变成业务工人。

建模者经常会被一个问题困扰：有些人员参与了业务，但是身份很尴尬，他是被动参与业务的，很难说他有什么具体的目的，但是他又的确在业务过程中做了事情，到底要不要为这样的人建模？这种情况就是上面例子情况四中的人工座席。人工座席可以订票，可是其本身是系统边界里的一部分，而且没有购票人拨打电话，他是不会去订票的。看上去他只是购票人的一个响应器，或者他是为购票人购票过程服务的一环。而为人工座席建立业务模型却并不合理，因为它无法跟购票人放在一起。实际上，之所以会产生这种困扰是因为它违背了参与者的定义：参与者必须要在边界以外。由于人工座席处于系统边界内，他就不再是参与者，尽管他的确参与了业务的执行过程，但应当作为"业务工人"。

"参与者"这个叫法会不可避免地带来一些歧义，会让人觉得凡是参与了业务的或在业务流程中做了事情的，都是参与者。这是一个认识误区。那么如何区分是参与者还是业务工人呢？最直接的方法当然是，判断他是在边界之外还是边界之内。如果边界尚不清楚，可以通过询问下面的 3 个问题来帮助澄清：

- 他是主动向系统发出动作的吗？
- 他有完整的业务目标吗？
- 系统是为他服务的吗？

这 3 个问题的答案如果是否定的，那他一定是业务工人。以人工座席这个例子来说，人工座席只在购票人打电话的情况下才会去购票，因此他是被动的；订票的最终目的是拿到机票，但人工座席只负责订，最终票并不到他的手里，因此他没有完整的业务目标；系统是为购票者服务的。非常明显，人工座席只可能是一个业务工人。

## 3.4.3　检查点

经过上面的讨论，读者应该已经知道如何去定义和发现一个参与者了。但是该如何保证发现的参与者是正确的呢？统一过程的官方文档里给出了一个检查点列表，回答这个检查点列表中的问题有助于检查发现的参与者是否正确，读者可以自行参考。

- 你是否已找到所有的参与者？也就是说，是否自行已经对系统环境中的所有参与者进行了说明和建模？虽然你应该检查这一点，但是要到你找到并说明了所有用例后才能将其确定。
- 每个参与者是否至少涉及一个用例？删除未在用例说明中提及的所有参与者，或与用例无通信关联关系的所有参与者。

- 能否列出至少两名可以作为特定参与者的人员？如果不能，请检查参与者所建模的参与者是否为另一参与者的一部分。如果是，应该将该参与者与另一参与者合并。
- 是否有参与者担任与系统相关的类似参与者？如果有，应该将他们合并到一个参与者中。通信关联关系和用例说明表明参与者和系统是如何相互关联的。
- 是否有两个参与者担任与用例相关的同一参与者？如果有，应该利用参与者泛化关系来为他们的共享行为建立模型。
- 特定的参与者是否将以几种（完全不同的）方式使用系统？或者，他使用用例是否是出于几个（完全不同的）目的？如果是，也许应该有多个参与者。
- 参与者是否有直观名称和描述性名称？用户和客户是否都能理解这些名称？参与者的名称务必要与其角色相符。否则，应对其进行更改。

在自动饮料售货机中，除了买饮料的顾客，还有以下参与者（见图3.3）。

- 供应商，向自动饮料售货机添加饮料。
- 收银员，从自动饮料售货机收钱。

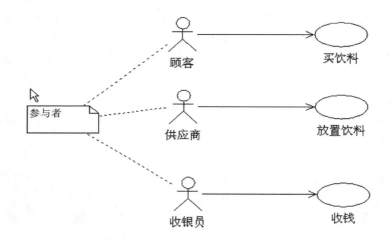

图 3.3　自动饮料售货机系统的参与者

## 3.4.4　参与者之间的关系

　　由于参与者事实上就是类，因此，参与者之间也有继承关系（但在分析设计阶段，一般用"泛化"这个词表示继承）。参与者之间的泛化（generalization）关系表示一个一般性的参与者（称作父参与者）与另一个更为特殊的参与者（称作子参与者）之间的联系。子参与者继承了父参与者的行为和含义，还可以增加自己独有的行为和含义，子参与者可以出现在父参与者能出现的任何位置上。在 UML 中，泛化关系用带三角形箭头的实线表示。图 3.4 所示为参与者之间泛化关系的例子，其中 Commercial Customer 是子参与者，Customer 是父参与者。

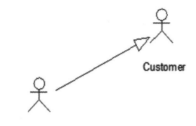

图 3.4 参与者之间的泛化关系

# 3.5 用例

"用例"这个概念是 Ivar Jacobson 于 20 世纪 60—70 年代在爱立信公司开发 AKE、AXE 系列系统时发明的，其博士论文 "Concepts for modeling large realtime systems"（1985 年）和 1992 年出版的论著 *Object-Oriented Software Engineering: A Use Case Driven Approach* 中对比概念作了详细论述。

自 Jacobson 的著作出版后，面向对象领域已广泛接纳了"用例"这一概念，并认为它是第二代面向对象技术的标志。

一些国内出版的书籍也有把用例翻译为用况、用案等的。目前对"用例"并没有一个被广泛认可的标准定义，不同的人对用例有不同的理解，不同的 OO 书籍中对用例的定义也各不相同。下面给出的是两个比较有代表性的定义。

定义 1：用例是对一个参与者使用系统的一项功能时所进行的交互过程的文字描述序列。

定义 2：用例是系统、子系统或类和外部的参与者交互的动作序列的说明，包括可选的动作序列和会出现异常的动作序列。

用例是代表系统中各个项目相关人员之间就系统的行为所达成的契约。软件的开发过程可以分为需求分析、设计、实现、测试等阶段。用例把所有这些都捆绑在一起，用例分析的结果也为预测系统的开发时间和预算提供了依据，以保证项目的顺利进行。因此可以说，软件开发过程是由用例驱动的。在软件开发中采用"用例驱动"是 Jacobson 对软件领域最重要的贡献之一。

在 UML 中，用例用一个椭圆表示，用例往往用动宾结构或主谓结构命名（如果用英文命名，则往往是动宾结构）。图 3.5 所示即为用例的例子。

**load system**

图 3.5 用例的例子 1

**例 3.1** 如图 3.6 所示，在文字处理程序中，"设置正文为黑体"是一个用例，"创建索引"也是一个用例。从这些例子中可以看到，用例的粒度可大可小，有的用例可能很简单，如"设置正文为黑体"这个用例就比较简单，很容易实现，但"创建索引"这个用例就比较复杂，实现起来可能要花费较长的时间。

设置正文为黑体

创建索引

图 3.6 用例的例子 2

例 3.2 在银行业务系统中可能会有以下用例：

● 浏览账户余额；

● 列出交易内容；

● 划拨资金；

● 支付账款；

● 登录；

● 退出系统；

● 编辑配置文件；

● 买进证券；

● 卖出证券。

通过上面的例子，我们可以发现，采用用例进行需求分析有如下特点：

1. 用例从使用系统的角度描述系统中的信息，即从系统外部查看系统功能，而不考虑系统内部对该功能的具体实现方式。

2. 用例描述了用户提出的一些可见的需求，对应一些具体的用户目标。使用用例可以促进与用户的沟通，有助于理解需求，同时可以用来划分系统与外部实体的界限，是OO 系统设计的起点，是类、对象、操作的来源。

3. 用例是对系统行为的动态描述，属于 UML 的动态建模部分。UML 中的建模机制包括静态建模和动态建模两部分，其中静态建模机制包括类图、对象图、构件图和部署图；动态建模机制包括用例图、顺序图、协作图、状态图和活动图。

用例是一种捕获现实世界的需求的方法。世界的功能性体现在，首先有人的愿望，这个愿望驱使人去做事并获得一个确定的结果。如果没有愿望，功能性就无从谈起。系统就是由各种各样的愿望组成的，换句话说，各种各样的人为着各自的目的做着各种各样的事情从而共同组成了一个系统。如果我们要描述一个系统的功能性需求，就要找到对这个系统有愿望的人，让他们来说明他们会在这个系统里做什么事，想要什么结果。如果所有对系统有愿望的人要做的所有事情全部找到了，那这个系统的功能性也就被确定下来了。

官方文档对用例是这样定义的：用例定义了一组用例实例，其中每个实例都是系统所执行的一系列操作，这些操作生成特定参与者可以观测的值。

这该怎么理解呢？我们先来换一个说法，用例就是与参与者交互的，并且给参与者提供可观测的有意义的结果的一系列活动的集合。这个说法应当更清楚一些。所谓的用例，就是一件事情，要完成这件事情，就需要做一系列的活动；而做一件事情可以有很多不同的方法和步骤，也可能会遇到各种各样的意外情况，因此这件事情是由很多不同情况的集合构成的，在 UML 中称之为用例场景。场景就是用例的实例。

例如，你想做一顿饭，需要完成煮饭和炒菜两件事情，这两件事情就是两个用例。而煮饭这件事情是可以有不同做法的，你可以用电饭煲做，也可以用蒸笼做，这就是两种不同的场景，也就是两个实例。而同样是用电饭煲做，如果是糙米，你可能要先淘米，再下锅；如果是精米，你就可以省掉淘米步骤直接下锅。这是用例在不同条件下的不同处理场景。

要启动用例是有条件的。上例中要做饭，首先得要有米，这是启动用例的前提，也称前置条件；用例执行完成后，会得到一个结果：米变成了饭，这称为后置条件。

综上所述，完整的用例定义由参与者、前置条件、场景、后置条件构成。图 3.7 中展示了用例的结构。

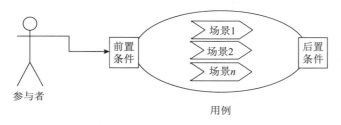

图 3.7 用例的结构

系统的功能性是由对系统有愿望的参与者要做的事情构成的，事情完成后就达成了参与者的一个愿望，当全部参与者的所有愿望都能够通过用例来成时，这个系统就被确定下来——捕捉功能性需求，这就是用例的作用。

# 3.6 用例分析

用例有着一系列的特征。这些特征保证用例能够正确地捕捉功能性需求，同时这些特征也是判断用例是否准确的依据。

1. 用例是相对独立的。

这意味着它不需要与其他用例交互就可以独自完成参与者的目的。也就是说，用例从"功能"上说是完备的。用例本质体现了系统参与者的愿望，不能完整达成参与者愿望的不能称为用例。例如，取钱是一个有效的用例，填写取款单却不是。因为参与者的完整的目的是取到钱，没有人会为了填写取款单而专程去一趟银行。

2. 用例的执行结果对参与者来说是可观测且有意义的。

例如，有一个后台进程监控参与者在系统中的操作，并在参与者删除数据之前执行备份操作。虽然它是系统的一个必需组成部分，但它在需求阶段却不应该作为用例出现。因为它是一个后台进程，对参与者来说是不可观测的，它应该作为系统需求在补充约定中定义而不能视作一个用户需求。又如，登录系统是一个有效的用例，但输入密码却不是。

这是因为登录系统对参与者来说是有意义的，这样他就可以获得身份认证和授权，但单纯地输入密码却是没有意义的，输入完成后呢？有什么结果吗？

3. 用例必须由一个参与者发起。

不存在没有参与者的用例，用例不应该自动启动，也不应该主动启动另一个用例。

用例总是由一个参与者发起的，参与者的愿望是这个用例存在的原因。例如，从ATM 取钱是一个有效的用例，ATM 吐钞却不是。ATM 是没有吐钞的愿望的，因此不能驱动用例。

4. 用例通常是以动宾短语形式出现的

用例通常都有一个动作和动作的受体。例如，喝水是一个有效的用例，而"喝"和"水"却不是，如图 3.8 所示。很多用例中以"计算""统计""报表""输出""录入"之类命名是不准确的，因为缺乏动作的受体。而且省略的主语应该是参与者，而非其他事物（比如系统），如图 3.9 所示，图中左侧为正确用例，右侧为错误用例。

图 3.8 "喝"不能构成一个完整的事件，因此不能用来命名用例

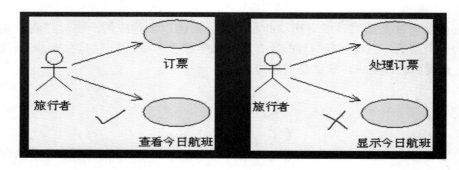

图 3.9 用例体现用户观点而非系统观点

5. 一个用例就是一个需求单元、分析单元、设计单元、开发单元、测试单元，甚至是部署单元一旦确定了用例，软件开发工作的其他活动都应以这个用例为基础，围绕着它进行。

## 3.6.1 用例的粒度

经过前面的学习，我们已经知道了用例的一些基本特征，接下来就让我们来看看用例的另一个令人头痛的性质——粒度。

粒度是令人困惑的。比如在 ATM 取钱的场景中，取钱、读卡、验证账号、打印回执单等都是可能的用例，显然，取钱包含了后续的其他用例，取钱的粒度更大一些，其他用例的粒度则要小一些。到底是一个大的用例合适还是分解成多个小的用例合适呢？

这个问题并没有一个标准的规则，在项目过程的不同阶段，可使用不同的粒度。在业务建模阶段，用例的粒度以每个用例能够说明一件完整的事情为宜，即一个用例可以描述一项完整的业务流程。这将有助于明确需求范围。例如，取钱、报装电话、借书等表达完整业务的用例，而不要细到验证密码、填写申请单、查找书目等业务中的单个步骤。

在用例分析阶段，即概念建模阶段，用例的粒度以每个用例能描述一个完整的事件流为宜。可理解为一个用例描述一项完整业务中的一个步骤。需要注意的是，这个阶段需要采用一些面向对象的方法来归纳和抽象出业务用例中的关键概念模型并为之建模。例如，宽带业务需求中有申请报装和申请迁移地址用例，在进行用例分析时，可以归纳和分解为提供申请资料、受理业务、现场安装等多个业务流程中都会使用的概念用例。

在系统建模阶段，用例视角是针对计算机的，因此用例的粒度以一个用例能够描述操作者与计算机的一次完整交互为宜，如填写申请单、审核申请单、派发任务单等，可理解为一个操作界面或一个页面流。另一个可参考的粒度是一个用例的开发工作量在一周左右为宜。

在业务用例阶段，最标准的方法是，以该用例是否完成了参与者的某个完整目的为依据的。举例来说，某人去图书馆，查询了书目检索表且出示了借书证，图书管理员查询了该人以前的借阅记录以确保其没有未归还的书，此人最后借到了书。从这段话中能得出多少用例呢？请记住一点，用例分析是以参与者为中心的，因此用例的粒度以能完成参与者目的为依据。可知，实际上合适的用例是借书，只此一个，其他都只是完成这个目的的过程。

上面的例子是能够比较明显地区分出参与者完整目的的，但在很多情况下可能并区分地没有那么明显，甚至会有冲突。例如，一个人去邮局办事，为了寄信他需要购买信封，那么应当认为购买信封是寄信的一个步骤，不能作为一个用例。但是下面这种情况也可能发生，此人的目的就是买信封，买完信封就走了，他并不寄信，这时疑惑就产生了。购买信封究竟是不是一个用例呢？这需要从他的目的出发，如果他的确就是只想买信封，那就应该把购买信封作为一个有效的用例。具体处理时，可以用寄信包含购买信封的方式处理这两个用例。但是请注意，这时寄信和购买信封就是同一个粒度的用例了，因为它们都是这个人与邮局之间所做的一次成功且完整的交易，并且达到了他的目的。用例的粒度大小不是从用例所包含步骤的多少来判断的。读者可以从自己的实际情况去找出更多这样的例子，去品味这其中的差别。

现实中，一个大型系统和一个小型系统在用例粒度选择上会有较大差异。这种差异是为了适应不同的需求范围。比如，针对一个 50 "人年" 的大型项目应该选择更大的粒度，如果用例粒度选择过小，可能出现上百甚至几百个业务用例，造成的后果是需求因过于细碎而难以控制，较少的用例有助于把握需求范围，不容易遗漏。而针对一个 10 "人月" 的小项目应该选择小一些的粒度，如果用例粒度选择过大，可能只有几个业务用例，造成的后果是因为需求过于模糊而容易忽略细节。

不论粒度如何选择，必须把握的原则是在同一个需求阶段，所有用例的粒度应该是同一个量级。这应该很好理解，在描述一栋建筑时，我们总是把高度、层数、单元数等合在一起介绍，而把下水道位置、插座数量等合在下一个抽象层次中介绍。

前面学习了用例的基本特征和粒度的相关知识，接下来学习如何获取用例。

### 3.6.2　用例的获得

我们知道用例的定义就是由参与者驱动的，并且给参与者提供可观测的、有意义的结果的一系列活动的集合，用例的来源是参与者对系统的期望。所以发现用例的前提条件是发现参与者；而确定参与者的同时也就确定了系统边界。在准备发现用例之前，再次强调并确认你已经能够清楚地理解下面的几个问题：

- 参与者是位于系统边界外的。
- 参与者对系统有着明确的期望和回报要求。
- 参与者的期望和回报要求在系统边界之内。

接下来，可以开始对参与者，即业务代表进行访谈。访谈时请不要试图让业务代表为你描述整个业务流程，也不要涉及表单填写一类的业务细节，甚至你可以不关心业务规则，更不要试图让业务代表理解将来的计算机系统会如何工作。你只需要让业务代表从他自己的本职工作出发来谈谈他的期望，并时时提醒和引导喜欢深入细节当中的那些客户。可以通过以下问题引导业务代表，了解这些问题对用例获取来说已经足够了。

- 你对系统有什么期望？
- 你打算在这个系统里做些什么事情？
- 你做这件事的目的是什么？
- 你做完这件事希望得到一个什么样的结果？

用纸和笔简单地记录下业务代表的访谈结果，从结果中找出用例。不要指望客户和你一样对什么是用例了如指掌，也不要期望客户能有条理、层次分明地把他对系统的期望表达出来。从客户也许语无伦次、也许杂乱无章的谈话中找出参与者期望的真实有效目标是你的工作。你应当清楚，参与者想做和要做的事情不一定是他真实的目标，也许只是他做事情的一个步骤。比如客户或许会说我："首先做……然后做……最后做……"，你需要从冗长的谈话中为客户总结出他的真实目标；另外，参与者对系统的期望也不一定是一个有效的事件，也许真的只是一个愿望，比如客户会说："我期望界面能漂亮一些"，你需要告诉客户他的期望将是一件可以做到的事情，而不仅仅是一个主观愿望。不同参与者对同一目标可能会有不同的表达，如客户甲说："我希望能把我这些文件保存下来以供将来查询"，而客户乙说："我要能查看我之前工作过的所有工作记录"。或许甲和乙口中的文件和工作记录就是同一件事情，你应当去伪存真、求同存异，而不是简单地将其分为两个用例；还有，不同参与者的目标可能会相互重叠，呈现出一种交集的状态。你应当小心求证，是否这些参与者所谈的都只是某个完整目标的一部分？如果是这样，应当将其合并成一个用例，并假定这两个参与者在这个用例中只是担任业务工人的角色而不是真正的参与者。或者这些参与者所谈的内容虽然有交叉的部分，但的确是两个不同的目标。如果是这样，应当就是两个用例。至于交集的部分，需要在概念模型中去提取公共的业务单元。总之，应当确保以下几点：

- 一个明确的、有效的目标才是一个用例的来源。
- 一个真实的目标应当完备地表达参与者的期望。
- 一个有效的目标应当在系统边界内，由参与者发动，并具有明确的后果。

将每个有效的期望借助用例绘制出来并命名就完成了用例获取的工作。

ATM 取款是大家熟悉的场景，用它作为例子，也是不错的选择。

客户代表（参与者）说："我希望这台 ATM 能支持跨行业务，我插入卡片并输入密码后，可以让我选择是取钱还是存钱；为了方便，可以设置一些默认的存取金额按钮；我可以修改密码，也可以挂失；还有我希望可以用它来缴纳电话费、水费、电费等费用；为了安全起见，ATM 上应当有警示小心骗子的提示条和摄像头；如果输入三次错误密码，卡片应当被自动吞没。"

假设我们是该 ATM 设备的软件提供商，那么我们该如何识别客户的真实目标？或者说，应当从中得到哪些用例？下面列出了一些可能的用例选择，请读者自己思考哪些是用例、哪些不是。如果你的判断与笔者的有差异或者不知道原因，你可以先阅读下面关于用例误区的几个章节。

- 支持跨行业务？
- 插入卡片？
- 输入密码？
- 选择服务？
- 取钱？
- 存钱？
- 挂失卡片？
- 缴纳费用？
- 警示骗子？
- 三次密码错误吞没卡片？

参考答案：

| ■ | 支持跨行业务？ | 错 | 这是一个业务规则，限定业务的范围 |
|---|---|---|---|
| ■ | 插入卡片？ | 错 | 这是一个过程步骤，不是完整目标 |
| ■ | 输入密码？ | 错 | 这是一个过程步骤，不是完整目标 |
| ■ | 选择服务？ | 错 | 这是一个过程步骤，不是完整目标 |
| ■ | 取钱？ | 对 | 这是一个有效的完整目标 |
| ■ | 存钱？ | 对 | 这是一个有效的完整目标 |
| ■ | 挂失卡片？ | 对 | 这是一个有效的完整目标 |
| ■ | 交纳费用？ | 对 | 这是一个有效的完整目标 |
| ■ | 警示骗子？ | 错 | 已经超出了边界范围 |
| ■ | 三次密码错误吞没卡片？ | 错 | 这是一个业务规则，限定业务的条件 |

## 3.6.3 目标和步骤的误区

在实际应用中，对用例使用的另一个误区是，混淆目标与完成目标的步骤。一个用例是参与者对目标系统的一个愿望、一个完整的事件。为了完成这个事件需要经过很多步骤，但这些步骤不能够完整地反映参与者的目标，不能够作为用例。

如何理解这个误区呢？假设邮局是一个目标系统，作为寄信人这样一个参与者，对邮局有着寄信的愿望。把寄信作为用例是很自然的事情，可以这样描述这个事件：寄信人到邮局是为了寄信。在完成这个目标的过程中，有一个步骤是付钱。那么付钱是不是一个用例呢？如果付钱是一个用例，就可以这样描述：寄信人到邮局是为了付钱。这意味着你去了邮局，把钱交给收银人员，然后就回家了，你会吗？所以付钱在这里显然不是一个完整的目标，它可能是为了其他目标而存在的，比如寄信。那么付钱显然不能称为用例。

通过这个事例，读者应该能够知道为什么在做需求分析时用例要体现参与者的完整目标，以及如何判断这个用例是否已经达到了参与者的完整目标。如果错误地将步骤作为需求用例，你将无法准确地描绘参与者要如何使用系统，也就无法准确地捕获用户需求。而用例是整个系统的架构基础，这会导致根基不稳，建立出错误的架构。

但是，步骤也是可以作为用例的。在概念建模阶段，由于已经捕获需求，在对需求进行分析时，实际上我们已经进入了用例的内部。进入用例的内部意味着边界已经改变。现在参与者的所有活动都处于该用例的上下文环境之内，所以无须再担心会出现寄信人到邮局付钱然后就回家这样的问题。例如，在寄信这个完整业务目标的上下文环境中，参与者的完整目标是完成付费就是合理的了。

经过上面的讨论，读者应该明白，不论是寄信这样的用例，还是付钱这样的用例，在不同的情况下可能都是合理的用例。显然，寄信用例包含了付钱用例，它们的粒度是不一样的。这两个粒度不一的用例合理存在的基础是不同边界的定义。对于邮局这个边界来说，付钱是不合理的，但具体到寄信这个边界，由于有了寄信的上下文环境作为前因后果，付钱就变成合理的了。请读者细心体会边界改变带来的这种变化。

寄信和付钱，两个用例粒度不同、边界不同，它们显然不应该同时出现在一个视图里。但是现实情况是，很多人将不同大小的用例建模在同一个视图里，这就引出了下一个误区——用例粒度的误区。

## 3.6.4　用例粒度的误区

产生用例粒度错误的原因首先是，分不清目标和步骤。在 3.6.3 节中已经讲过，用步骤来划分用例会导致不准确的需求获取。分不清目标和步骤的另一个后果是，用例的粒度过于细小，如增加一条记录之类的仅相当于一次计算机交互的粒度的用例。这对于规模较小的系统来说可能不是什么问题，但如果系统达到一定规模，面对着成百上千的用例该如何处理？另外，粒度过于细小，会使得系统分析没有抽象的余地，如果用例能做的事情也就是调用一条 insert 语句那么简单，有何抽象余地可言？自然地，这样的模型建立与否跟直接编写代码没太大差别，只不过是把程序逻辑用另一种伪代码写了一遍，那又何必多此一举地花费时间去建立模型呢？如果系统规模真的如此之小，那你首先应该考虑的是建模是否必要。

另一个常常被误用的用例粒度误区是，在同一个需求阶段中的用例粒度大小不一。这个问题的产生本质上是因为建模者心中没有一个清晰的边界、没有时时检查现阶段处于哪个抽象层次造成的。我们知道用例取决于参与者的完整期望，而参与者与边界是相生相灭的，所以一旦边界不确定，参与者就会混乱，进而导致用例的粒度不一；另外，边界决定了当前分析阶段的抽象层次，从面向对象的要求来说，一个抽象层次决定了哪些信息该暴露、哪些不该暴露，如果错误地暴露了不该暴露的信息就会导致程序结构混乱。

举例来说，假设有一个网上购物系统。在获取需求时，我们决定采用整个系统作为边界，那么参与者就应当是系统之外的，如买家、卖家、系统管理员等。相应地，这些参与者的完整目标就构成了用例，用例的粒度就是系统的最高层次，它们展示业务构成。例如，买家购买商品，卖家发布商品，系统管理员维护网站等。这个例子的用例获取结果如图 3.10 所示。

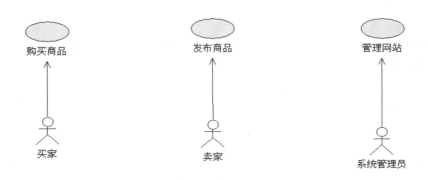

图 3.10 网上购物系统——符合边界

假设上面所述的网上购物系统中，买家购买商品时有这样一个业务过程：买家下的订单如果出现了问题，或者商家和买家任意一方要求修改订单时，将由系统管理员来完成修改工作。面对这个需求信息，不知读者会如何来建立模型？迫不及待地把这个重要的信息加入业务模型，会得到如图 3.11 所示的结果。

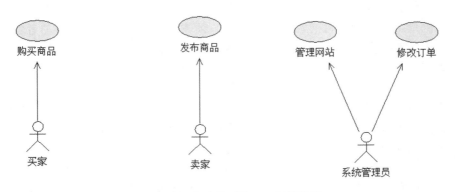

图 3.11 网上购物系统——超越边界

读者觉得图 3.11 中的模型有问题吗？初看上去似乎符合要求，修改订单的确是系统管理员做的事情，似乎并无什么不妥。但是无形中建模者已经缩小了边界，降低了抽象层次，实际上修改订单这个用例的粒度已经比其他用例的粒度要小。

那么，应当怎么处理系统管理员修改订单这个业务过程呢？方法就是紧守边界，认识到现在的抽象层次高于这个业务需求，它不能作为一个单独的用例在这个抽象层次上出现。保持图 3.10 所示的模型的原状不动，在接下来单独分析购买商品用例的时候，由于边界已经缩小为购买商品用例的内部，修改订单会很自然地出现在概念模型里，成为购买商品这个用例实现过程中的一个关键概念。这时，由于已经位于购买商品的上下文环境里，它就能够很自然地与其他购买商品的关键概念构成用例场景，比如这样描述业务场景：买家提交修改订单请求，系统管理员修改订单请求就很自然了。

当然，上述例子中之所以修改订单不能够作为用例出现，是因为我们认定了系统边界和抽象层次。如果出于某种原因，如系统规模很小，或者开发组织对于这个领域已经非常熟悉，像购买商品、发布商品之类的业务已经很清楚，就可以不必从那么高的抽象层次开始，而可以直接将购买商品业务模块作为边界，这种情况下出现类似买家查询商品、买家提交订单、买家提交修改请求、系统管理员修改订单之类的用例也是正确的。还是那句话，不论边界和抽象层次如何选择、粒度大小如何决定，在同一个需求阶段，必须保持所有用例的粒度在同一量级！

## 3.6.5　业务用例

业务用例（business use case）是用例版型中的一种，专门用于需求阶段的业务建模。在为业务领域建立模型时应当使用这种版型。请注意，业务用例只是普通用例的一个版型，并不是另一个新的概念，因此业务用例具有普通用例的所有特征。

与其他用例的版型不同的是，业务用例专门用于业务建模。业务建模是针对客户业务的模型，也就是现在的业务是怎么来建立模型的。严格来说，业务建模与计算机系统建模无关，它只是业务领域的一个模型，通过业务模型可以得到业务范围，帮助需求人员理解客户业务，并在业务层面上和客户达成共识。有一点必须说明，业务范围不等于需求，软件需求真正的来源是系统范围，也就是系统模型。业务模型是系统模型最重要的输入。

既然业务用例是用于描述客户现有业务的，那么业务用例面对的问题领域就是没有将来的计算机系统参与的、目前客观存在的业务领域。相对应地，它的参与者就是业务参与者。站在业务参与者的立场上看到的边界将是业务边界而非系统边界，这一点请务必区分清楚。如果说用例是用来获取功能性需求，那么可以说业务用例是用来获取功能性业务。

举例来说，为一个图书馆开发借书系统，建立的业务模型是基于客户的现有业务的，也就是说哪怕我们明明知道计算机可以实现自动提示哪些读者逾期没有归还图书这一功能，在业务建模时业务用例也不应当将计算机"查逾期"功能包括进来。如果要描述这项业务要求，应当用"查逾期未还者"之类的描述，而不应当用"计算机自动提示逾期未还者"之类的描述。因为就算没有计算机参与，客户也有这样一项业务存在，尽管可能只是手工翻看登记台账。

之所以不能把"查逾期"引入进来，是因为业务范围不等于系统范围，也就是说，可以不把它作为一个需求。例如，假设图书馆有一项检查借阅人身份证是否真实的业务，然而众所周知，第一代身份证是不能作为合格证件的。所以，虽然在业务建模时不加入这个业务用例客户的业务过程描述模型就不完整，但是这个业务却不应当进入系统范围。

### 3.6.6　业务用例实现

业务用例实现（business use case realization），也称为业务用例实例，是用例版型中的一种，专门用于需求阶段的业务建模。在为业务领域建立模型时采用这种版型。

从字面上理解，业务用例实现就是业务用例的一种实现方式。一个业务用例可以有多种实现方式，它们的关系可以类比编程上的接口和实现类的关系，同一个接口可以有多个实现类。同样，一个业务用例的多个业务用例实现都是为了达成同一个目的，但是每个业务用例实现为达成这个目的而采用的方式各不相同。业务用例实现的意义就在于此，它们表达了同一项业务的不同实现方式。

举例来说，我们使用电话需要向电话局缴纳电话费。将电话局作为一个业务边界，那么作为这个业务边界的参与者，电话使用者就有缴纳电话费的业务目标，我们可以为电话使用者建立一个缴纳电话费业务用例。如果我们向电话局展开调研，就会发现，同样是缴纳电话费的业务目标，但有很多种可能的实现方式。比如可以直接到电话局营业厅缴费，也可以在电话局预存一笔话费，还可以到银行通过银行缴费。每一种可能的方式都实现了同样的缴费目的，从业务目标上来讲并没有什么差别，但在业务执行上是完全不同的。因此在建立业务模型的时候，我们就可以用营业厅缴费、预存话费和银行缴费的业务用例实现来"实现"缴纳电话费业务用例，如图 3.12 所示。

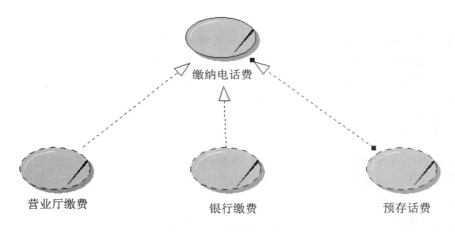

图 3.12　业务用例实现

业务用例分析时需要进行业务用例场景的绘制，上面的 3 种业务用例实现方式在业务用例场景中将表现为 3 个不同的业务流程。

### 3.6.7　系统用例

系统用例实际上就是我们所说的用例本身，如果不是特别强调，读者可以把用例等同于系统用例。

那么系统用例的含义到底是什么呢？系统用例是用来定义系统范围、获取功能性需求的。因此，系统用例的含义可以作如下描述，系统用例是软件系统开发的全部范围，系统用例是我们得到的最终需求。如果业务用例是从客户业务视角来看的，从现在开始，系统用例将采用系统视角来看待了。

### 3.6.8　用例实现

用例实现完整的叫法是系统用例实现，不过"系统"二字可以省略。类似业务用例实现，一个用例实现代表用例的一种实现方式。

举例来说，有这样一个需求：我们要在网上申报业务就需要提交申请。考虑到要填写的内容较多、耗时过长、会话可能失效，也考虑到有些用户上网速度慢等，系统打算支持两种提交方式：一种是在线提交申请；另一种是离线提交申请。第一种方式在网页上在线填写申请单，直接提交；第二种方式则是下载一个表格，填写完之后再上传。这两种方式都是实现提交申请这个用例的，因此可以用在线提交申请和离线提交申请这两种用例实现来表达这种需求。

## 3.7　用例之间的关系

用例除了与参与者有关联关系外，用例之间也存在着一定的关系，如泛化关系、包含关系、扩展关系等。当然也可以利用 UML 的扩展机制自定义用例间的关系，如果要自定义用例间的关系，一般是利用 UML 中的版型这种扩展机制。

### 3.7.1　泛化关系

泛化代表一般与特殊的关系。泛化是 OOA/OOD 中用得较多的术语。它的含义与 OO 程序设计语言中"继承"这个概念类似，但在分析和设计阶段，泛化这个术语用得更多一些。

在泛化关系中，子用例继承了父用例的行为和含义，子用例也可以增加新的行为和含义或覆盖父用例中的行为和含义。

图 3.13 所示的是用例之间的泛化关系。

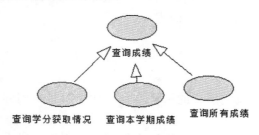

图 3.13　用例之间的泛化关系

在图 3.13 所示的例子中，父用例是查询成绩，子用例有查询学分获取情况、查询本学期成绩和查询所有成绩 3 个。若父用例的名字用的是斜体字体，则表示该父用例是抽象父用例。

## 3.7.2 包含关系

包含关系指的是两个用例之间的关系，其中一个用例（称作基本用例，base use case）的行为包含了另一个用例（称作包含用例，inclusion use case）的行为。

包含关系是依赖关系的版型，也就是说，包含关系是比较特殊的依赖关系，它们比一般的依赖关系多一些语义，通常表示基本用例一定会用到包含用例。图 3.14 所示的是用例之间的包含关系，其中修改课程和删除课程属于基本用例，查询课程属于包含用例。

在包含关系中，箭头的指向是从基本用例到包含用例，也就是说，基本用例是依赖于包含用例的。

需要说明的是，在 UML 1.1 版本的规范说明中，用例之间是使用和扩展这两种关系，且

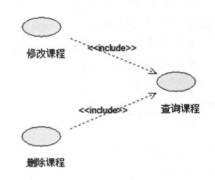

图 3.14 用例之间的包含关系

这两种关系都是泛化关系的版型。但在 UML 1.3 以上版本的规范说明中，用例之间是包含和扩展这两种关系。UML 1.1 版本中的使用关系已被取消，且 UML 1.3 版本中，包含和扩展都是依赖关系的版型，而不是泛化关系的版型。

## 3.7.3 扩展关系

扩展关系的基本含义与包含关系类似。但在扩展关系中，对于扩展用例（extension use case）有更多的规则限制，即基本用例必须声明若干"扩展点"（extension point），而扩展用例只能在这些扩展点上增加新的行为和含义。与包含关系一样，扩展关系也是依赖关系的版型，也就是说，扩展关系是特殊的依赖关系，通常表示基本用例在特定情况下会用到扩展用例。

图 3.15 所示的是用例之间的扩展关系。

与包含关系不同的是，在扩展关系中，箭头的指向是从扩展用例到基本用例，也就是说，扩展用例是依赖于基本用例的。

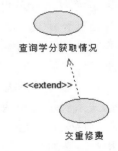

图 3.15 用例之间的扩展关系

### 3.7.4 用例的泛化、包含、扩展关系的比较

在扩展关系中，基本用例一定是一个规范化（well formed）的用例，即是可以独立存在的用例。一个基本用例执行时，可以执行，也可以不执行扩展部分，只有当满足了扩展点的要求时才执行扩展用例。

在包含关系中，基本用例可能是、也可能不是规范化的用例。在执行基本用例时，一定会执行包含用例部分。

包含关系和扩展关系都是指 A 用例会用到 B 用例，两者的区别在于，包含关系表示 A 用例一定会用到 B 用例，而扩展关系表示 A 用例有可能用到 B 用例（在满足特定条件的时候才会用到）。前者是必选路径，后者是可选路径。

表 3.1 是参与者与用例之间的关系类型。

表 3.1 参与者与用例之间的关系类型

| 关系类型 | 说　明 | 表示符号 |
|---|---|---|
| 关联（association） | 参与者和用例之间的关系 | —————————— |
| 泛化（generalization） | 参与者之间或用例之间的关系 | ——————————▷ |
| 包含（include） | 用例之间的关系 | <<include>>  - - - - - - - - - - ->  |
| 扩展（extend） | 用例之间的关系 | <<extend>>  - - - - - - - - - - ->  |

在这里总结一下 UML 中关系、关联、泛化、依赖这几个概念之间的区别和联系。

关系是模型元素之间具体的语义联系。关系可以分为关联、泛化、包含、扩展等几种，另外还有一种关系是实现，表 3.1 中没有提到。

关联关系是两个或多个类元（classifier）之间的关系，它描述了类元的实例之间的联系。这里所说的类元是一种建模元素，常见的类元包括类、参与者、组件、数据类型、接口、节点、信号、子系统、用例等，其中类是最常见的类元。

泛化关系表示的是两个类元之间的关系。这两个类元中，一个相对通用，一个相对特殊。相对特殊的类元的实例可以出现在相对通用的类元的实例能出现的任何地方，也就是说，相对特殊的类元在结构和行为上与相对通用的类元是一致的，但相对特殊的类元包含更多的信息。

依赖关系表示的是两个元素或元素集之间的一种关系，被依赖的元素称作目标元素，依赖元素称作源元素。当目标元素改变时，源元素也要做相应的改变。包含关系和扩展关系都属于依赖关系。

# 3.8 用例图

用例图是显示一组用例、参与者以及它们之间关系的图。在 UML 中，一个用例模型由若干个用例图描述。图 3.16 所示的是在 Rational Rose 中画出的金融贸易系统的用例图。

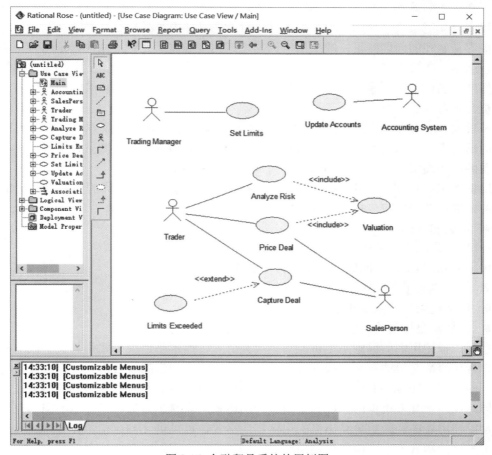

图 3.16 金融贸易系统的用例图

在该例子中，有 Trading Manager、Accounting System、Trader、SalesPerson 等参与者。其中 Accounting System 这个参与者是一个外部系统，用例有 Set Limits、Update Accounts、Analyze Risk、Price Deal、Limits Exceeded 等。

需要说明的是，Rational Rose 中并没有实现 UML 1.5 规范说明中的所有建模符号，如 3.7 节提到的扩展点在 Rational Rose 中就不能直接画出来，但这并不妨碍 Rational Rose 成为市场领先的 UML 支持工具。

UML 规范说明中并不使用颜色作为图形语义的区分标记，但建模人员可以在 Rational Rose 中给某些图符加上填充颜色，以强调某一部分的模型，或希望引起使用者的注意。但在语义上，使用了填充颜色和未使用填充颜色的模型是一样的。

# 3.9 用例的描述

在用例图中，一个用例是用一个命名的椭圆表示的，但如果没有对这个用例的具体说明，那么我们就不清楚该用例到底能完成什么功能。没有描述的用例就像是一本书的目录，我们只知道该目录标题，但并不知道该目录的具体内容是什么。对于 UML 初学者，一个很容易忽视的问题就是，缺少用例的描述或用例描述不完整，往往只是用一个椭圆框来表示用例。在 3.5 节给出的用例定义中也可以看到，用例是一个"文字描述序列"，是"动作序列的说明"。事实上，用例描述才是用例的主要部分，是后续的交互图分析和类图分析必不可少的部分。

一般来说，用例采用自然语言描述参与者与系统进行交互时双方的行为，不追求形式化的语言表达。因为用例最终是给开发人员、用户、项目经理、测试人员等不同类型的人员看的，如果采用形式化的描述，对大部分人来说会很难理解。

用例的描述应该包含哪些内容，并没有一个统一的标准，不同的开发机构可能会有不同的要求，但一般应包括以下内容：

- 用例的目标
- 用例是怎么启动的
- 参与者和用例之间的消息是如何传送的
- 用例中除了主路径外，其他路径是什么
- 用例结束后的系统状态
- 其他需要描述的内容

总之，描述用例的原则是尽可能写得"充分"，而不是追求形式化、完整或漂亮。

作为 OOA 文档的一个组成部分，用例描述应该有一定的规范格式，但目前并没有一个统一的标准。在统一的标准出现之前，人们可以采用适合于自己的用例描述格式，但不管怎样，在一个开发机构内部应该采用统一的格式。表 3.2 是参考了一些不同的开发机构和 UML 使用者的经验后总结出来的用例描述格式，可以供 UML 初学者参考。具体使用时可用表格的形式表示，也可以不使用表格形式。

表 3.2 用例的描述格式（用例模板）

| 描 述 项 | 说 明 |
| --- | --- |
| 用例名称 | 表明用户的意图或用例的用途，如"划拨资金" |
| 标识符[可选] | 唯一标识符，如"UC1701"，在文档的其他位置可以用标识符来引用此用例 |
| 用例描述 | 概述用例的几句话 |
| 参与者 | 与此用例相关的参与者列表 |
| 优先级 | 一个有序的排列，1 代表优先级最高 |
| 状态[可选] | 用例的状态，通常为以下几种之一：进行中、等待审查、通过审查或未通过审查 |
| 前置条件 | 一个条件列表，如果其中包含条件，则这些条件必须在访问用例之前得到满足 |
| 后置条件 | 一个条件列表，如果其中包含条件，则这些条件将在用例完成以后得到满足 |
| 基本操作流程 | 描述用例中各项工作都正常进行时用例的工作方式 |

（续表）

| 描 述 项 | 说　　明 |
|---|---|
| 可选操作流程 | 描述变更工作方式、出现异常或发生错误的情况下所遵循的路径 |
| 被泛化的用例 | 此用例所泛化的用例列表 |
| 被包含的用例 | 此用例所包含的用例列表 |
| 被扩展的用例 | 此用例所扩展的用例列表 |
| 修改历史记录[可选] | 关于用例的修改时间、修改原因和修改人的详细信息 |
| 问题[可选] | 与此用例的开发相关的问题列表 |
| 决策[可选] | 关键决策的列表，将这些决策记录下来以便维护时使用 |
| 频率[可选] | 参与者访问此用例的频率，如用户是每日访问一次还是每月访问一次 |

表 3.3 是对用例"管理教学班"的描述。与表 3.2 所示的用例模板相比，少了问题、决策、频率这 3 个描述项。

表 3.3　对用例"管理教学班"的描述

| 用例名称 | 管理教学班 |
|---|---|
| 标识符 | UC1701 |
| 用例描述 | 通过管理教学班功能，编辑制定教学班信息，包括查询和匹配教学班、合并教学班、拆分教学班操作 |
| 参与者 | 教务任务管理员 |
| 优先级 | 1 |
| 状态 | |
| 前置条件 | 课程、专业、自然班级、教学进程等信息可用 |
| 后置条件 | |
| 基本操作流程 | 1.打开教学班<br>[教务任务管理员]：要求打开所有教学班信息<br>[系统]：得到教学班信息，返回给用户所有教学班信息<br>2.查询所有匹配的教学班<br>[教务任务管理员]：要求系统查询和指定教学班匹配的全部，输入指定的教学班信息<br>[系统]：按照指定的教学班信息遍历所有教学班，返回并显示所有匹配的教学班结果<br>3.选择及合并目标教学班<br>[教务任务管理员]：请求合并教学班到目标教学班<br>[系统]：系统显示所有待合并教学班<br>[教务任务管理员]：选择需要合并的教学班<br>[系统]：合并指定的教学班，如果合并失败进入 3a<br>4.拆分教学班<br>[教务任务管理员]：要求拆分指定的教学班<br>[系统]：显示要求用户确认教学班操作窗口<br>[教务任务管理员]：如果选择确认拆分操作则继续，否则进入 4a<br>[系统]：拆分指定的教学班，如果拆分失败则进入 4b |
| 可选操作流程 | 备选事件序列：<br>3a：提示用户合并失败，返回到选择及合并目标教学班<br>4a：返回到拆分教学班<br>4b：提示用户拆分失败，返回到拆分教学班 |
| 被泛化的用例 | |
| 被包含的用例 | |
| 被扩展的用例 | |
| 修改历史记录 | |

　　用例描述虽然看起来简单，但事实上它是捕获用户需求的关键一步。很多 UML 初学者虽然也能给出用例描述，但描述中往往存在很多错误或不恰当的地方，在描述用例时易犯的错误主要有以下几个：

● 只描述系统的行为，没有描述参与者的行为。

● 只描述参与者的行为，没有描述系统的行为。

● 在用例描述中就设定对用户界面的设计要求。

● 描述冗长。

**例 3.3**　下面是一个用例描述的片段：

Use Case：Withdraw Cash

参与者：Customer

主事件流：

（1）储户插入 ATM 卡，并输入密码。

（2）储户按 Withdraw 按钮，并输入取款数目。

（3）储户取走现金、ATM 卡并拿走收据。

（4）储户离开。

　　上述描述中存在的问题是只描述了参与者的动作序列，而没有描述系统的行为，改进后的用例描述如下：

Use Case:：Withdraw Cash

参与者：Customer

主事件流：

（1）通过读卡机，储户插入 ATM 卡。

（2）ATM 系统从卡上读取银行 ID、账号、加密密码，并用主银行系统验证银行 ID 和账号。

（3）储户输入密码，ATM 系统根据上面读出的卡上加密密码，对密码进行验证。

（4）储户按 FASTCASH 按钮，并输入取款数量，取款数量应是 5 美元的整数倍。

（5）ATM 系统通知主银行系统，传递储户账号和取款数量，并接收返回的确认信息和储户账户余额。

（6）ATM 系统输出现金、ATM 卡和显示账户余额的收据。

（7）ATM 系统记录事务到日志文件。

**例 3.4**　下面是一个用例描述的片段：

Use Case：Withdraw Cash

参与者：Customer

主事件流：

（1）ATM 系统获得 ATM 卡和密码。

（2）设置事务类型为 Withdrawal。

（3）ATM 系统获取要提取的现金数目。

（4）验证账户上是否有足够的储蓄金额。

（5）输出现金、数据和 ATM 卡。

（6）系统复位。

上述描述中存在的问题是只描述了 ATM 系统的行为而没有描述参与者的行为，这样的描述很难理解。改进的描述同例 3.5。

**例 3.5** 下面是一个用例描述的片段：

Use Case: Buy Something

参与者：Customer

主事件流：

（1）系统显示 ID and Password 窗口。

（2）顾客输入 ID 和密码，然后按 OK 按钮。

（3）系统验证顾客 ID 和密码，并显示 Personal Information 窗口。

（4）顾客输入姓名、街道地址、城市、邮政编码、电话号码，然后按 OK 按钮。

（5）系统验证用户是否为老顾客。

（6）系统显示可以卖的商品列表。

（7）顾客在准备购买的商品图片上单击，并在图片旁边输入要购买的数量。选购商品完毕后按 Done 按钮。

（8）系统通过库存系统验证要购买的商品是否有足够的库存。

……（后续描述省略）

上述描述中存在的问题是对用户界面的描述过于详细。对于需求文档来说，详细的用户描述对获取需求并无帮助。改进的描述如下：

Use Case：Buy Something

参与者：Customer

主事件流：

（1）顾客使用 ID 和密码进入系统。

（2）系统验证顾客身份。

（3）顾客提供姓名、地址、电话号码。

（4）系统验证顾客是否为老顾客。

（5）顾客选择要购买的商品和数量。

（6）系统通过库存系统验证要购买的商品是否有足够的库存。

……（后续描述省略）

**例 3.6** 下面是一个用例描述的片段：

Use Case：Buy Something

参与者：Customer

主事件流：

（1）顾客使用 ID 和密码进入系统。

（2）系统验证顾客身份。

（3）顾客提供姓名。

（4）顾客提供地址。

（5）顾客提供电话号码。

（6）顾客选取商品。

（7）顾客确定商品的数量。

（8）系统验证顾客是否为老顾客。

（9）系统打开到库存系统的连接。

（10）系统通过库存系统请求当前库存量。

（11）库存系统返回当前库存量。

（12）系统验证购买商品的数量是否少于库存量。

……（后续描述省略）

上述描述中存在的问题是用例描述冗长。可以采用更为简洁的描述方式，如合并类似的数据项［步骤（3）至步骤（5）］，提供抽象的高层描述［步骤（9）至（12）］等。改进后的描述如下：

Use Case: Buy Something

参与者：Customer

（1）顾客使用 ID 和密码进入系统。

（2）系统验证顾客身份。

（3）顾客提供个人信息（姓名、地址、电话号码），并选择购买的商品及数量。

（4）系统验证顾客是否为老顾客。

（5）系统使用库存系统验证要购买的商品数量是否少于库存量。

……（后续描述省略）

# 3.10 寻找用例的方法

用例分析的步骤可以按下面的顺序进行：

（1）找出系统外部的参与者和外部系统，确定系统的边界和范围。

（2）确定每一个参与者所期望的系统行为。

（3）把这些系统行为命名为用例。

（4）使用泛化、包含、扩展等关系处理系统行为的公共或变更部分。

（5）编制每一个用例的脚本。

（6）绘制用例图。

（7）区分主事件流和异常情况的事件流，如果需要，可以把表示异常情况的事件流作为单独的用例来处理。

（8）细化用例图，解决用例间的重复与冲突问题。

当然上述顺序并不是固定的，可以根据需要进行调整。

采用用例分析法捕获用户需求，其中一个比较困难的工作是确定系统应该包含哪些用例，以及如何有效地发现这些用例。事实上，在做用例分析时，并没有一个固定的方式或方法来发现用例，而且对同一个系统，往往会同时存在多种解决方案，但其中某些方案会比另一些方案要好些。与设计和实现阶段相比，需求分析阶段更多的还是依赖于分析人员的个人经验和领域知识。例如，如果某分析人员以前做过类似的系统分析和开发，那么在做类似的工作时就比较容易，但如果是针对一个全新的领域，分析人员往往会觉得很难入手，这时就需要领域专家的帮助。

下面的这些启发性原则可以帮助分析人员发现用例：

（1）和用户交流、沟通。寻找用例的一个途径就是和系统的潜在用户会面、交谈。有可能不同的用户对系统的描述会是完全不同的，即使是同一个用户，他对系统的描述也可能是模糊的、不一致的，这时就需要分析员做出判断和抉择。

（2）把自己当作参与者，与设想中的系统进行交互。提出一些问题，如系统交互的目的是什么？需要向系统输入哪些信息？希望由系统进行哪些处理且希望从它那里得到何种结果？等等，这些都有助于发现用例。

（3）确定用例和确定参与者不能截然分开。

作为用例方法的提出者，Jacobson 也提出了一些原则来帮助发现用例，如通过回答下列问题来帮助发现用例：

● 参与者的主要任务是什么？

● 参与者需要了解系统的什么信息？需要修改系统的什么信息？

● 参与者是否需要把系统外部的变化通知系统？

● 参与者是否希望系统把异常情况的变化通知自己？

随着分析人员开发经验的不断积累，对于如何寻找用例会逐渐形成自己的一套方法，也可以通过与其他人进行交流来提高自己的分析水平。

# 3.11 建模实例

为了避免过于冗长，本章采用第 10 章实例的简化版本，更详细的需求和分析设计可以参考第 10 章的相关内容。

某校打算开发一个网上选课系统，需求大致如下：

管理员通过系统管理界面验证身份进入系统，建立本学期要开设的各种课程，将课程信息保存在数据库中并可以对课程进行修改和删除。学生通过客户机根据学号和密码进入选课界面，在这里学生可以进行两种操作：查询已选课程，选课。同样，通过业务层，这些操作结果会存入数据库中。数据库部署在服务器上，通过一个开放的 SQL 接口操作数据库。

1. 建立系统用例模型

1.1 确定系统模型的参与者

仔细分析网上选课系统问题描述。在 UML 中，参与者代表位于系统之外和系统进行交互的一类对象，本系统中创建的主要参与者有以下 3 类：

（1）管理员：在网上选课系统中对课程进行维护（包括增、删、改），以及验证身份的登录功能。

（2）学生：能够在网上选课系统登录、选课、查询已选课程和付费。

（3）数据库代理：通过数据库代理访问数据库并存取数据。

1.2 识别用例

用例是系统外部参与者与系统在交互过程中需要完成的任务，识别用例最好的方法就是，从分析系统的参与者开始，考虑每一类参与者需要使用系统的哪些功能、如何使用系统，根据选课系统的运行流程逐一提取的参与者信息，确定系统分为以下几个用例：

（1）学生参与者用例

- 用户登录；

- 查询已选课程；

- 选课；

- 付费。

（2）管理员参与者用例

- 用户登录；

- 增加课程；

- 修改课程；

- 删除课程。

（3）数据库代理参与者用例：

- 所有和数据库操作相关的用例。

### 1.3 建立用例图模型

在后面的章节中，我们将逐步完善选课系统的建模，首先，在 Rational Rose 中设计选课系统的用例图，具体步骤如下。

（1）单击浏览器中的"Use Case View"中的"Main"图标，弹出用例图窗口，如图 3.17 所示。

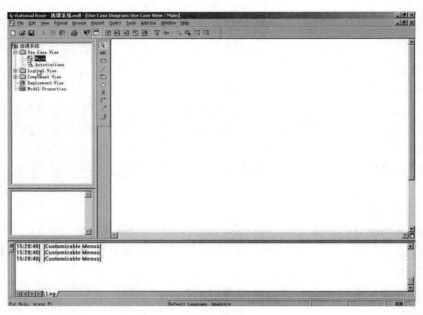

图 3.17　用例图窗口

（2）将光标置于工具栏中的"Actor"图标上，单击鼠标左键并将光标拖放到用例图窗口上，松开鼠标左键，用例图窗口中出现一个参与者的图标，如图 3.18 所示，其名字为"NewClass"。

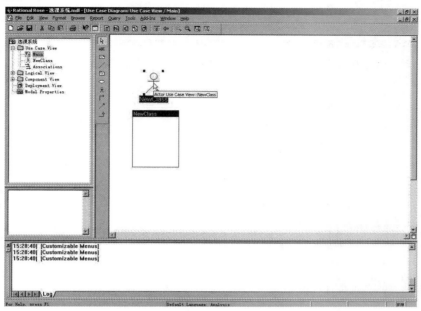

图 3.18　添加参与者

（3）修改元素名字的方法有如下两种：

① 在用例图窗口中双击"NewClass"图标，弹出如图 3.19 所示的"Class Spacification for NewClass"对话框。转到"General"选项卡，在"Name"文本框中输入"People"，最后单击"OK"按钮确认操作。

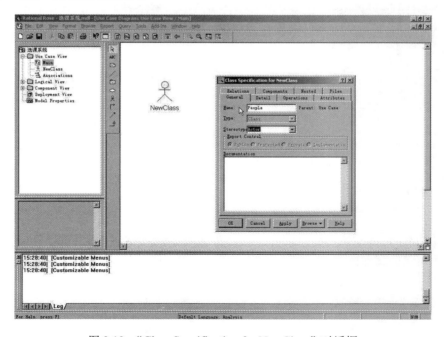

图 3.19　"Class Spacification for NewClass"对话框

② 如图 3.20 所示，在用例图窗口中将光标置于"NewClass"处，直接将其修改为"People"。

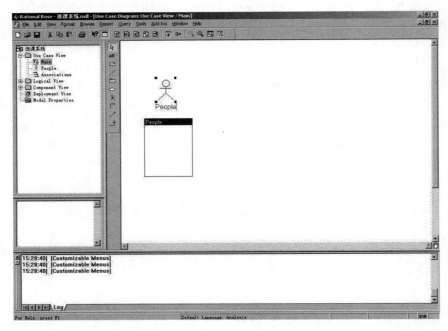

图 3.20 在用例图窗口中重命名参与者

（4）采用同样的方法，在用例图中添加 Admin 和 Student 图标，如图 3.21 所示。

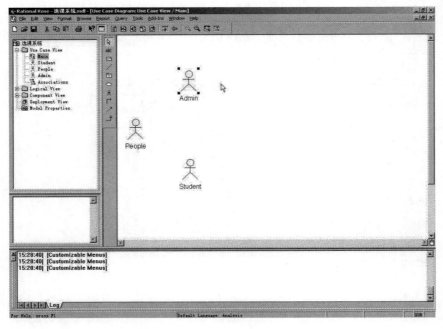

图 3.21 添加 Admin 和 Student 图标

（5）单击用例图窗口工具栏中的"generalization"图标，在用例图窗口中将光标从"Student"移动到"People"，在 Student 与 People 之间添加泛化关系，如图 3.22 所示。

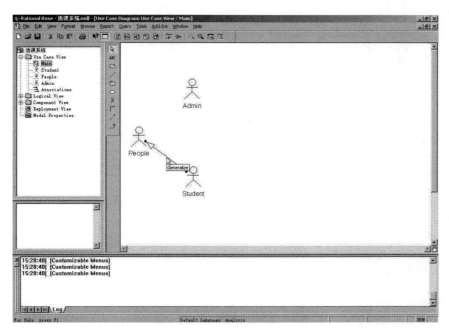

图 3.22 在 Student 与 People 之间添加泛化关系

（6）用同样的方法在 Admin 和 People 之间添加泛化关系，如图 3.23 所示。

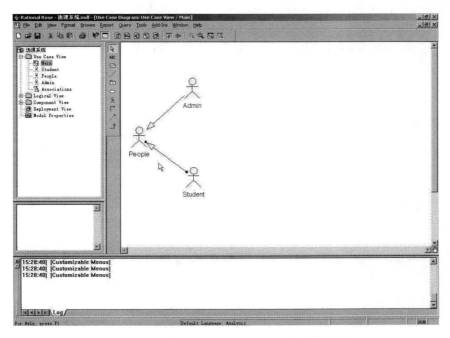

图 3.23 在 Admin 和 People 之间添加泛化关系

（7）单击工具栏中"Use Case"图标，将光标移动到用例图窗口，窗口内显示用例的椭圆图标，采用和步骤（3）同样的方法，将图标重命名为"Select Course"，如图3.24所示。

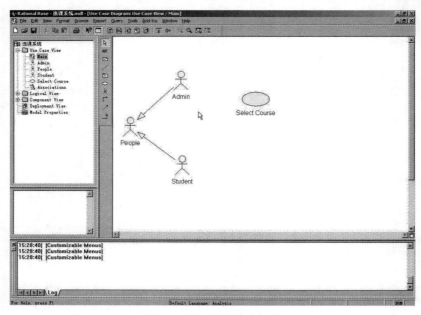

图 3.24 添加并重命名用例

（8）单击工具栏中的"Undirectional Relation"图标，将光标从"Student"指向"Select Course"，在 Student 和 Select Course 之间添加关系，如图 3.25 所示。

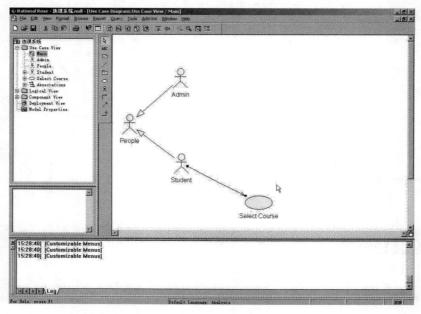

图 3.25 在 Student 和 Select Course 之间添加关系

（9）重复以上步骤，完成如图 3.26 所示的用例图。

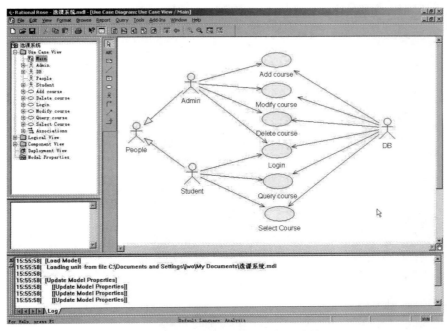

图 3.26 添加全部元素及元素间关系

（10）用鼠标右键单击 "Add Course" 用例，在弹出的快捷菜单中选择 "Open Specification" 命令，如图 3.27 所示。

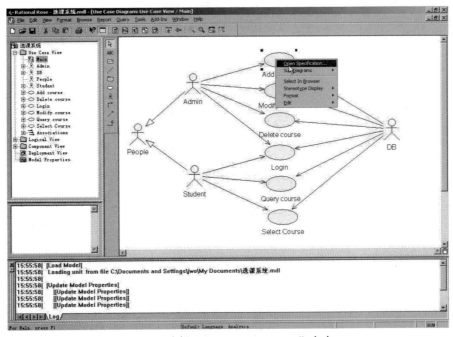

图 3.27 选择 "Open Specification" 命令

（11）弹出"Use Case Specification for Add course"对话框，在"Documentation"文本框中描述该用例的事件流，如图 3.28 所示。

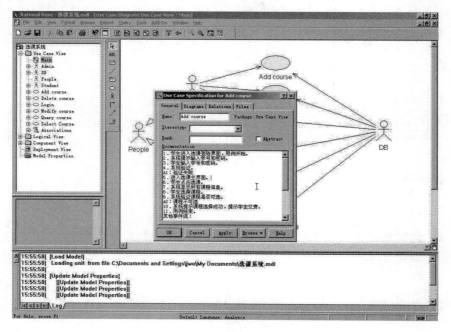

图 3.28 描述用例事件流

# 第4章

## 状态图和活动图

## 4.1 什么是状态图

UML 中的状态图（statechart diagram）主要用于描述一个对象在其生存期间的动态行为，表现一个对象所经历的状态序列、引起状态转移的事件（event），以及因状态转移而伴随发生的动作（action）。状态图是 UML 中对系统的动态行为建模的 5 种基本图之一，状态图在检查、调试和描述类的动态行为时非常有用。一般可以用状态机对一个对象（这里所说的对象可以是类的实例、用例的实例或者整个系统的实例）的生命周期建模。状态图是用于显示状态机的，重点在于描述状态之间的控制流。图 4.1 所示是一个简单的状态图的例子，这个状态图中描述的对象除了初态和终态外，还有 Idle 和 Running 两个状态，而 keyPress、finished、shutDown 等是事件。

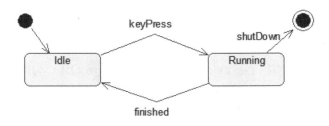

图 4.1 状态图的例子

在状态机中，动作既可以与状态相关也可以与转移相关。如果动作是与状态相关的，则对象在进入一个状态时将触发某一动作，而不管是从哪个状态转入这个状态的；如果动作是与转移相关的，则对象在不同的状态之间转移时，将触发相应的动作。

对于一个状态机，如果其中所有的动作都是与状态相关的，则称这个状态机是 Moore

机；如果其中所有的动作都是与转移有关的，则称这个状态机是 Mealy 机。在理论上可以证明，Moore 机和 Mealy 机在表示能力上是等价的，但一般状态图中描述的状态机会混合使用 Mealy 机和 Moore 机的风格。

状态图所描述的对象往往具有多个属性，一般状态图应该在具有以下两个特性的属性上建模：

● 属性拥有较少的可能取值；

● 属性在这些值之间的转移有一定的限制。

例如，如果类 Course 有两个属性 price 和 status，其中 price 的类型为 Money，取值范围为正实数，status 的类型为枚举类型，取值为 Created、Modified、Deleted、Locked 这 4 个中的某一个，则应根据属性 status 建立状态图。

# 4.2 状态图的基本概念

下面讨论状态图中的几个基本概念：状态、组合状态、子状态、历史状态、转移、事件和动作。

## 4.2.1 状态

状态（state）是指对象的生命周期中的某个条件或状况，在此期间对象将满足某些条件、执行某些活动或等待某些事件。所有对象都具有状态，状态是对象执行了一项或多项活动的结果，当某个事件发生后，对象的状态将发生变化。

一个状态有以下几个部分：状态名、进入动作、退出动作、转移、子状态、延迟事件。

状态可以细分为不同的类型，如初态、终态、中间状态、组合状态、历史状态等。一个状态图只能有一个初态，但终态可以有一个或多个，也可以没有终态。

中间状态包括两个区域：名字域和内部转移域，如图 4.2 所示，其中内部转移域是可选的。

图 4.2 所示的状态的名字是"Lighting"。当进入此状态（entry）时，做开灯（turnOn）动作；当离开此状态（exit）时，做关灯（turn Off）动作；当对象处于此状态（do）时，灯要闪烁 5 次（blinkFivetimes）；当电源关闭事件（event powerOff）出现时，使用自供应电源（powerSupplySelf）。需要注意的是，对象在 Lighting 状态时，有一个被延迟处理的事件，即当发生自检事件（event selfTest）时，对象将延迟响应该事件（defer），即不在 Lighting 状态中处理这个事件，而是延迟到以后在其他状态中处理此事件。

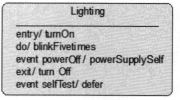

图 4.2 状态示例

## 4.2.2　组合状态和子状态

嵌套在另一个状态中的状态称作子状态（substate），含有子状态的状态称作组合状态（composite state）。如图 4.3 所示是组合状态和子状态的例子，其中 W 是组合状态，E、F 是子状态。

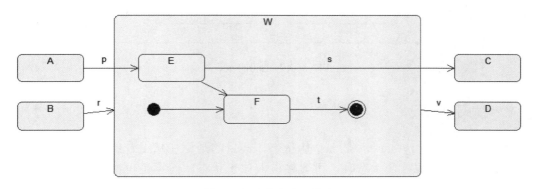

图 4.3　组合状态和子状态

从图 4.3 中可以看出，组合状态中也可以有初态和终态。转移 r 是从状态 B 转移到组合状态 W 本身，转移 p 则是从 A 状态直接转移到组合状态中的子状态 E。类似地，可以从组合状态中的子状态直接转移到目标状态（如转移 s），也可以从组合状态本身转移到目标状态（如转移 v）。

子状态之间可分为 or 关系和 and 关系两种。or 关系说明在某一时刻仅可到达一个子状态，and 关系说明组合状态中在某一时刻可同时到达多个子状态。图 4.4 所示是子状态之间 or 关系的例子。

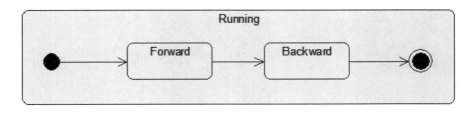

图 4.4　子状态之间的 or 关系

图 4.5 所示是子状态之间 and 关系的例子，其中子状态 Forward 和 Low speed 之间、Forward 和 High speed 之间、Backward 和 Low speed 之间、Backward 和 High speed 之间都是 and 的关系。

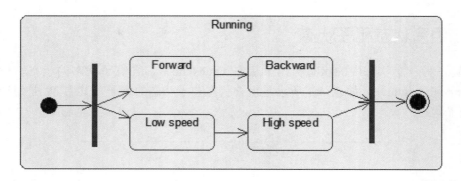

图 4.5 子状态之间的 and 关系

## 4.2.3 历史状态

历史状态（history state）是一个伪状态，其目的是记住从组合状态中退出时所处的子状态。当再次进入组合状态时，可直接进入该子状态，而不是再次从组合状态的初态开始。

在 UML 中，历史状态用符号"⑪"或"⑭"表示，其中"⑪"是浅（shallow）历史状态的符号，表示只记住最外层组合状态的历史；"⑭"是深（deep）历史状态的符号，表示可记住任何深度的组合状态的历史。顺便提一下，UML 中其他建模元素的符号都是直接采用图形符号，没有采用英文字母，如类采用矩形符号、用例采用椭圆符号等，只有历史状态的表示符号中采用了英文字母。需要注意的是，如果一个组合状态达到了其终态，则会丢失历史状态中的信息，就好像从未进入过这个组合状态一样。

图 4.6 所示是历史状态的例子。

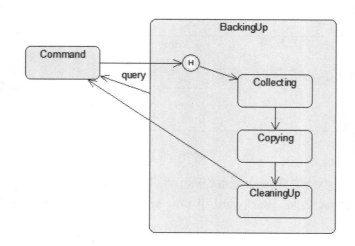

图 4.6 历史状态的例子

图 4.6 是一个对数据进行备份时的状态图，备份时要经过 Collecting、Copying、CleaningUp 三个状态。在进行数据备份过程中，如果有数据查询（query）请求，则可以

中断当前的备份工作，然后回到 Command 状态执行查询（query）操作。查询结束后，可以从 Command 状态直接回到刚才中断退出时的状态接着进行备份操作，例如，如果刚才是从 Copying 状态中断退出的，则现在可以直接从 Command 状态回到 Copying 状态。

当然，如果不采用历史状态，也可以用其他状态图表示与图 4.6 中的状态图相同的含义，但得到的状态图中要增加许多新的状态、转移或变量，这样一来，状态图就会显得混乱和复杂。

## 4.2.4 转移

转移（transition）是两个状态之间的一种关系，表示对象将在第一个状态中执行一定的动作，并在某个特定事件发生而且某个特定的警戒条件满足时进入第二个状态。

描述转移的格式如下：

```
event-signature '[' guard-condition ']' '/' action
```

其中"event-signature"是事件特征标记，"guard-condition"是警戒条件，"action"是动作，而事件特征标记的格式如下：

```
event-name '(' comma-separated-parameter-list ')'
```

其中"event-name"是事件名，"comma-separated-parameter-list"是参数列表。

**例 4.1** 下面是一个转移的例子。

```
targetAt(p) [isThreat] / t.addTarget(p)
```

其中事件名是"targetAt"，"p"是事件的参数，"isThreat"是警戒条件，"t.addTarget(p)"是要做的动作，这里动作的参数"p"就是事件参数。这个转移的例子中包含了事件特征标记、警戒条件、动作 3 个部分，根据实际情况，这 3 个部分可以部分省略或全部省略。

一般来说，状态之间的转移是由事件触发的，因此应在转移上标出触发转移的事件表达式。如果转移上未标明事件，则表示在原状态的内部活动执行完毕后自动触发转移。

对于一个给定的状态，最终只能产生一个转移，因此从相同的状态出来的、事件相同的几个转移之间的条件应该是互斥的。图 4.7 所示是存在互斥关系的转移的例子，当对象处于状态 A 下，出现事件"event"时，根据 $x$ 的不同取值确定是转移到 B、C 还是 D。

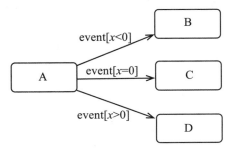

图 4.7 存在互斥关系的转移

## 4.2.5 事件

事件是对一个在时间和空间上占有一定位置的、有意义的事情的详细说明。事件产生的原因有调用、出现满足条件的状态、达到时间点或经历某一时间段、发送信号等。

在 UML 中，事件分为以下 4 类。

（1）调用事件（call event）。调用事件表示对操作的调度，格式如下：

```
event-name'('comma-separated-parameter-list')'
```

其中"event-name"是事件名，"comma-separated-parameter-list"是参数列表。

图 4.8 所示是调用事件的例子，其中事件名是"startAutopilot"，参数是"normal"。

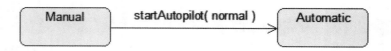

图 4.8 调用事件

（2）变化事件（change event）。如果一个布尔表达式中的变量发生变化，使得该布尔表达式的值发生相应的变化从而满足某些条件，则这种事件称作变化事件。变化事件用关键字"when"表示，图 4.9 所示是变化事件的例子。

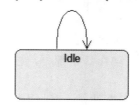

图 4.9 变化事件

变化事件和警戒条件这两个概念非常相似，两者的区别在于，警戒条件是转移说明的一部分，只在相关的事件出现后计算一次该条件，如果值为"false"，则不进行状态转移，以后也不再重新计算警戒条件，除非事件再次出现。而变化事件表示的是一个要被不断测试的事件。

（3）时间事件（time event）。时间事件指的是满足某一时间表达式的情况出现，如到了某一时间点或经过了某一时间段。时间事件用关键字"after"或"when"表示，图 4.10 所示是时间事件的例子。

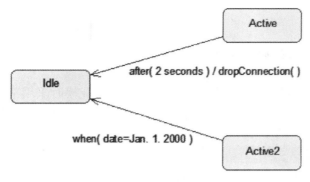

图 4.10 时间事件

（4）信号事件（signal event）。信号事件表示的是对象接收到了"信号"这种情况，信号事件往往会触发状态的转移。这里提到了"信号"这个概念，所谓"信号"，就是由一个对象异步地发送并由另一个对象接收的、已命名的对象。

在 UML 中，信号用版型为"<<signal>>"的类表示，信号之间可以具有泛化关系，形成层次结构。图 4.11 所示是信号之间的泛化关系的例子。

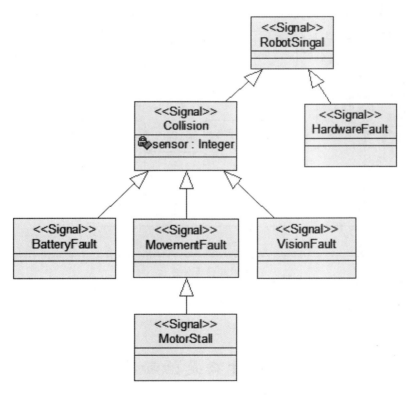

图 4.11 信号之间的泛化关系

信号事件和调用事件比较相似，但信号事件是异步事件，调用事件一般是同步事件。另外，信号事件和调用事件的表示格式也是一样的。

### 4.2.6 动作

动作是一个可执行的原子计算。也就是说，动作是不可中断的，其执行时间是可忽略不计的。

UML 并没有规定描述动作的具体语法格式，一般建模时采用某种合适的程序设计语言的语法来描述就可以了。UML 规定了两种特殊的动作：进入动作和退出动作。进入动作表示进入状态时执行的动作，格式如下：

```
'entry' '/' action-expression
```

退出动作表示退出状态时要执行的动作，格式如下：

```
'exit' '/' action-expression
```

其中"action-expression"可以使用对象本身的属性和输入事件的参数。

**例 4.2** 进入动作和退出动作的例子。

```
entry / setMode(onTrack)
exit / setMode(off Track)
```

具体的例子如图 4.12 所示。

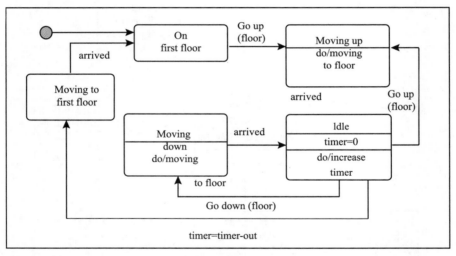

细化电梯状态图

图 4.12 进入动作和退出动作

# 4.3 什么是活动图

活动图是对系统的动态行为建模的 5 种基本图之一。在 OMT（对象建模技术）、Booch（早期面向对象技术）、OOSE（面象对象的软件工程）方法中并没有活动图这一概念，UML 中的活动图的概念是从其他方法中借鉴来的。与 Jim Odell 的事件图、Petri

网、SDL 建模技术等类似，活动图可以用于描述系统的工作流程和并发行为。活动图其实可看作状态图的一种特殊形式，其中一个活动结束后将立即进入下一个活动（在状态图中状态的转移可能需要事件的触发）。

下面讨论活动图中的几个基本概念：活动、泳道、分支、分叉和汇合、对象流。

## 4.3.1  活动

活动（activity）表示某流程中的任务的执行，它可以表示某算法过程中语句的执行。

在活动图中需要注意区分动作状态（action state）和活动状态（activity state）这两个概念。

动作状态是原子性的，不能被分解，没有内部转移，没有内部活动，其工作所占用的时间是可以忽略的。动作状态的目的是执行"进入动作"，然后转向另一个状态。

活动状态是可分解的，不是原子性的，其工作的完成需要一定的时间，可以把动作状态看作活动状态的特例。

## 4.3.2  泳道

泳道（swimlane）是活动图中的区域划分，系统根据每个活动的职责对所有活动进行划分，每个泳道代表一个责任区。泳道和类并不是一一对应的关系，泳道关心的是其所代表的职责，一个泳道可能由一个类实现，也可能由多个类实现。

图 4.13 所示是泳道的例子。

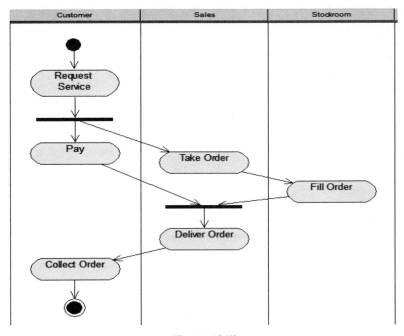

图 4.13  泳道

### 4.3.3　分支

在活动图中，对于同一个触发事件，可以根据不同的警戒条件转向不同的活动，每个可能的转移是一个分支（branch）。

在 UML 中表示分支的方法有两种，如图 4.14 所示。这两种表示方法有所区别，方法 1 采用"常规方法"表示分支，而方法 2 中采用菱形符号表示分支。

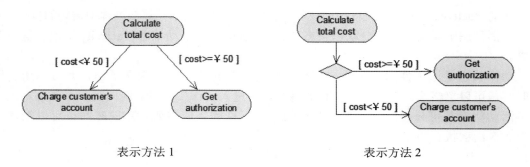

图 4.14　分支的两种表示方法

### 4.3.4　分叉和汇合

上一小节介绍的分支表示的是从多种可能的活动转移中选择一个，如果要表示系统或对象中的并发行为，则可以使用分叉（fork）和汇合（join）这两种建模元素。分叉表示的是一个控制流被两个或多个控制流代替，经过分叉后，这些控制流是并发进行的；汇合正好与分叉相反，表示两个或多个控制流合并为一个控制流。图 4.15 所示是打电话活动中分叉和汇合的例子。

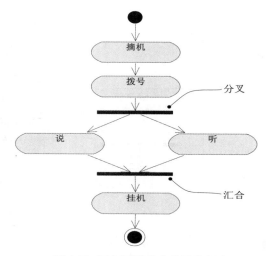

图 4.15　打电话活动中分叉和汇合

### 4.3.5 对象流

在活动图中可以出现对象，对象可以作为活动的输入或输出，活动图中的对象流表示活动和对象之间的关系，如一个活动创建对象（作为活动的输出）或使用对象（作为活动的输入）等。

对象流属于控制流。所以如果两个活动之间有对象流，则控制流不必重复画出。图4.16 所示是网上购物活动中使用对象流的活动图。

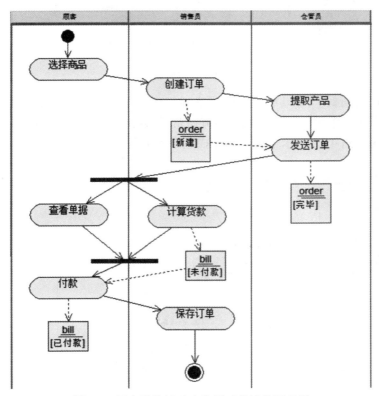

图 4.16 网上购物活动中使用对象流的活动图

活动"计算货款"创建对象"bill"，该对象的状态是"未付款"，活动"付款"使用处于"未付款"状态的对象"bill"，同时把对象的状态改为"已付款"状态。

## 4.4 活动图的用途

活动图对表示并发行为很有用，其应用非常广泛。一般活动图可以对系统的工作流程建模，即对系统的业务过程建模；也可以对具体的操作建模，用于描述计算过程的相关细节。

**例 4.3** 下面是一个用活动图对工作流程建模的例子。

图 4.17 所示的用例图中有两个用例：Make Part（产品制造）和 Ship Part（发货）。

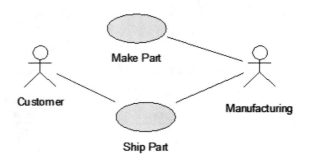

图 4.17 用例图

在进行用例分析时，可以用活动图来描述用例的内部流程。尤其是当这个流程涉及比较复杂的分支时，采用文字形式的事件流通常很难描述清楚，而采用活动图则可以很好地解决这个问题。图 4.18 所示是用活动图描述工作流程的例子。

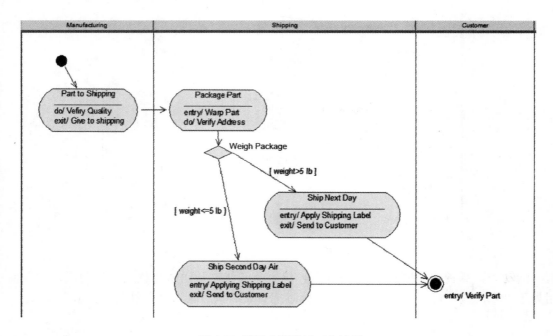

图 4.18 用活动图描述工作流程

活动图除了可以对工作流程建模外，也可以对具体的操作过程建模。在结构化分析和设计中，开发人员往往用流程图来描述一个算法。在 UML 中没有流程图的概念，从某种意义上说，活动图的功能已包含了流程图。如果需要描述一个算法，可以用活动图来描述。如图 4.19 所示是用活动图描述算法的例子，这个算法本身并不难，这里采用这个例子只是说明活动图的一个作用。

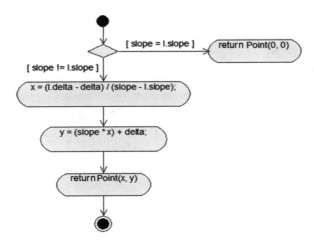

图 4.19  用活动图描述算法

## 4.5  状态图和活动图的比较

状态图和活动图都是对系统的动态行为建模，两者很相似，但也有区别。

首先，两者描述的重点不同。状态图描述的是对象的状态及状态之间的转移，而活动图描述的是从活动到活动的控制流。

其次，两者使用的场合不同。如果是为了显示一个对象在其生命周期内的行为，则使用状态图较好；如果目的是分析用例、理解涉及多个用例的工作流程，或者处理多线程应用等，则使用活动图较好。

当然，如果要显示多个对象之间的交互情况，用状态图或活动图都不合适，这时可用顺序图或协作图来描述。

## 4.6  建模实例

第 3 章演示了如何创建模型中的用例图，用例图的根本意义在于明确系统的需求，为后面的系统分析与设计奠定基础。而用例文档（事件流）的作用则是对用例内部流程进行刻画，是对用例的补充说明。活动图的作用和用例文档其实是异曲同工的，只不过它们是两种不同的形式，面向的受众也不同。

下面将采用活动图来描述选课系统中的 Add Course 用例的工作流。

在上一章中已学会分析 Add Course 用例的事件流，现在根据事件流的描述并进一步细化，画出 Add Course 用例的活动图。

创建 Add Course 活动图的步骤如下。

（1）使用鼠标右键单击"Use Case View"，在弹出的快捷菜单中选择"New"→"Activity Diagram"命令，即可在"Use Case View"下拉列表中添加一个"State/Activity Model"项，该项会产生一个名为"NewDiagram"的活动图，将其重命名为"Add Course"，如图4.20所示（图中为未重命名的状态）。

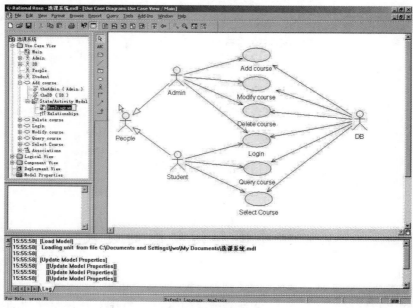

图 4.20 创建活动图

（2）双击活动图"Add Course"，窗口变成如图4.21所示的形式。

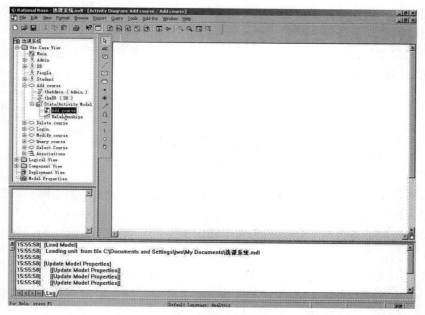

图 4.21 双击创建好的活动图

（3）如图 4.22 所示，单击工具栏中的"Swimlane"工具，在右侧的活动图窗口单击鼠标左键，即可增加一个新的泳道"NewSwimlane"，同时在左侧的活动图"Add Course"下也会出现一个"NewSwimlane"泳道标识。

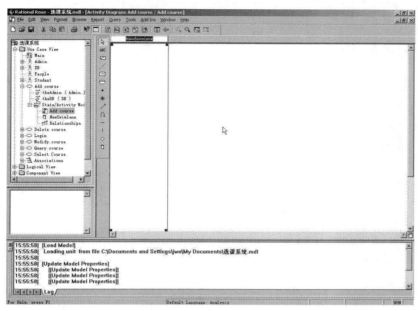

图 4.22  添加泳道

（4）双击浏览器窗口中的"NewSwimlane"项，在弹出的"Swimlane Specification for NewSwimlane"对话框中将泳道名称"Name"修改为"用户接口"，如图 4.23 所示。

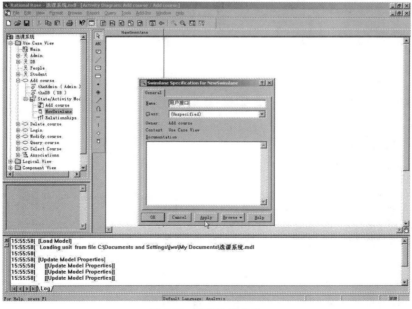

图 4.23  修改泳道名称

（5）在"Swimlane Specification for NewSwimlane"对话框中，单击"OK"按钮，则泳道名称被修改成"用户接口"。修改后的效果如图4.24所示。

图4.24 修改泳道名称后的效果

（6）使用同样的方法增加"业务逻辑接口"和"数据库接口"两个泳道。

（7）在工具栏中单击"start state"图标，在"用户接口"泳道内添加一个起始状态，如图4.25所示。

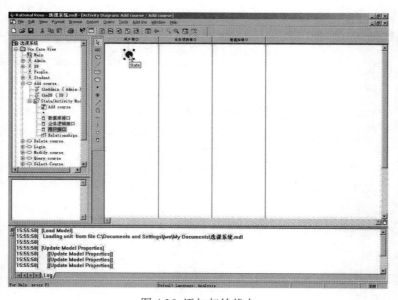

图4.25 添加起始状态

（8）单击工具栏中的"Activity"图标，在"用户接口"泳道内增加一个新的活动。

（9）在浏览器中双击"New Activity"项，在弹出的"Activity Specification"对话框

中将活动的名称修改为"输入课程各项信息"。

（10）单击"Activity Specification"对话框中的"OK"按钮，则活动名称被修改为"输入课程各项信息"，如图 4.26 所示。

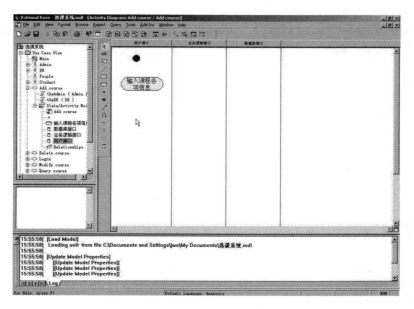

图 4.26 修改活动名称

（11）在工具栏中选择"Transition"图标，在活动窗口中，将光标从起始状态指向"输入课程各项信息"，即可在起始状态到"输入课程各项信息"之间添加一条带箭头的实线，这就是"转移"关系，如图 4.27 所示。

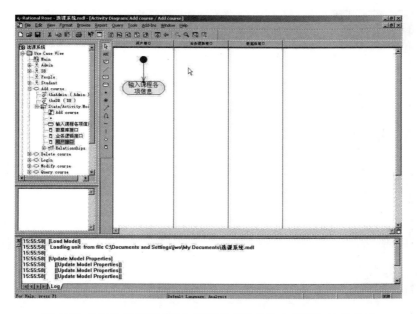

图 4.27 在起始状态和"输入课程各项信息"之间添加转移关系

（12）输入课程以后，还要判断输入的课程是否合法，即需要进行课程验证。这项工作要提交到"业务逻辑接口"中进行，采用前述方法在"业务逻辑接口"泳道中添加"验证课程"活动，并在"输入课程各项信息"和"验证课程"之间添加转移关系，如图4.28所示。

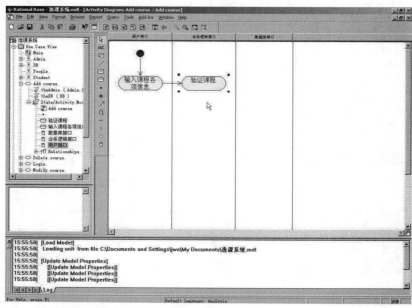

图 4.28 添加"输入课程各项信息"与"验证课程"间的转移关系

（13）为了进行课程验证，需要在业务逻辑接口中依据已有的课程信息创建课程对象，并提交到数据库中进行课程验证，效果如图 4.29 所示。

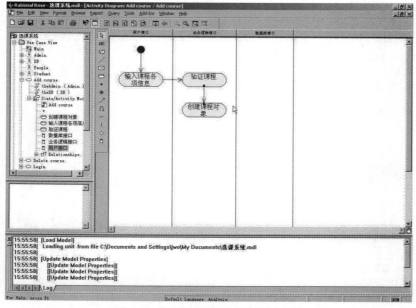

图 4.29 实现课程验证功能的活动图

（14）依据课程对象信息在数据库中查询预先登记的课程信息。为了完成此功能，需要在"数据库接口"泳道中添加"在数据库中查询课程"活动，并在"创建课程对象"和"在数据库中查询课程"之间添加转移关系，如图 4.30 所示。

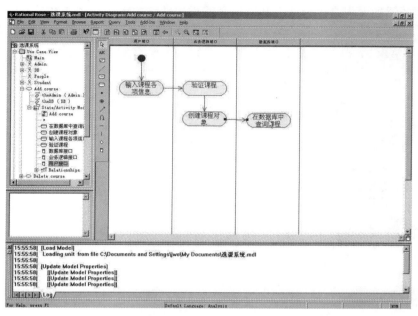

图 4.30　实现查询课程信息功能的活动图

（15）查询结果将返回到"业务逻辑接口"，由"业务逻辑接口"对查询结果的信息进行判断，以确认添加的课程是否合法，如图 4.31 所示。

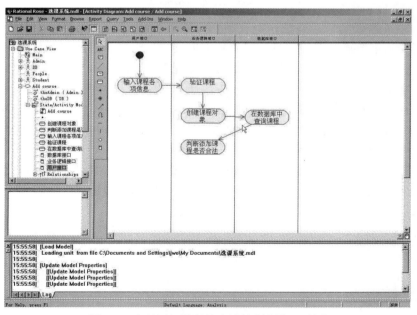

图 4.31　实现添加课程的合法性判断的活动图

（16）被添加的课程有可能是合法的，也有可能是不合法的，所以要增加一个"决策"活动，以便进行判断。将光标移动到活动图窗口的工具栏中，单击"Decision"图标，然后将光标移动到活动图窗口的"业务逻辑接口"泳道，单击鼠标左键添加一个决策，在"判断添加课程是否合法"和决策之间添加转移关系，如图4.32所示。

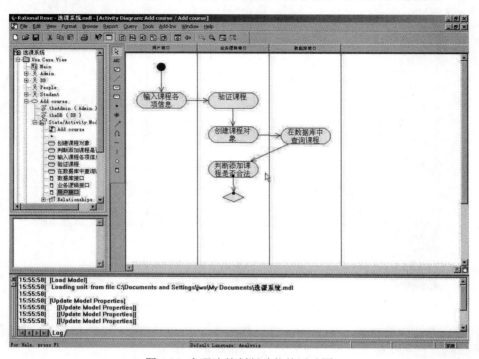

图4.32 实现决策判断功能的活动图

（17）如果输入的信息合法，则在数据库中添加输入的课程信息；如果输入的信息不合法，则提示重新输入课程信息。在"数据库接口"泳道中添加"在数据库中添加该课程"活动，在决策标记和"在数据库中添加该课程"活动之间添加转移关系。

（18）此转移发生的条件是课程合法，所以，要在转移关系上添加守护条件"合法"。添加守护条件的方法是：双击刚才添加的转移，在弹出的"State Transition Specification"对话框中转到"Detail"选项卡，在"Guard Condition"文本框中输入转移条件"合法"，如图4.33所示。

（19）在"State Transition Specification"对话框中单击"OK"按钮，此时活动图如图4.34所示，我们可以看到，从决策到"在数据库中添加该课程"的转移上增加了守护条件"合法"。

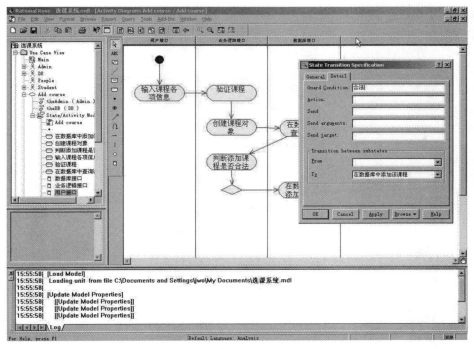

图 4.33 添加守护条件

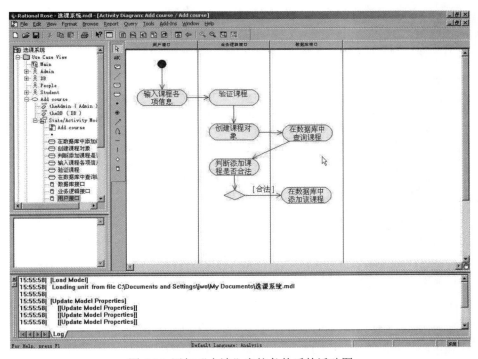

图 4.34 添加"合法"守护条件后的活动图

（20）如果课程信息不合法，则提示重新输入，重新输入"输入课程各项信息"活动。在决策和"输入课程各项信息"之间添加转移关系，守护条件是"不合法"，如图4.35所示，并在转移上添加相应事件（见图4.36）。

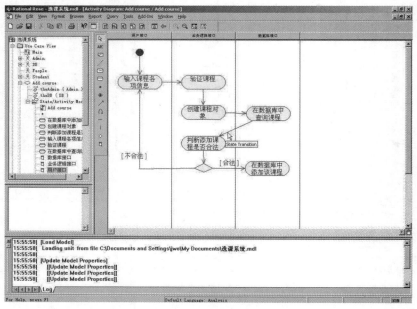

图 4.35　添加课程信息不合法涉及的转移关系和守护条件

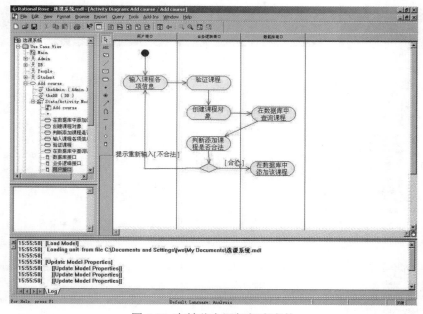

图 4.36　在转移上添加相应事件

（21）我们注意到，在图 4.36 中标记的转移上，标有"提示重新输入"的文字，这是通过在"State Transition Specification"对话框中设置"Event"项实现的，如图4.37所示。

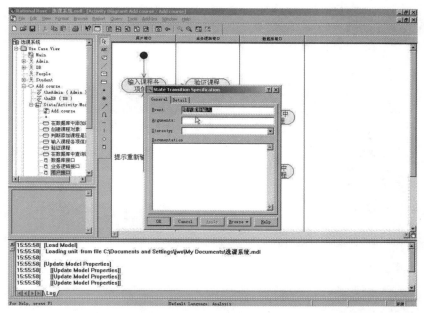

图 4.37 设置"State Transition Specification"对话框中的"Event"项

（22）如果课程信息合法，则在数据库中添加该课程，然后判断课程是否添加成功。增加一个决策，如果添加课程成功，则显示添加成功信息，过程结束。

（23）如果添加课程失败，则显示添加错误信息，过程结束。至此，一个完整的活动图就完成了，如图 4.38 所示。

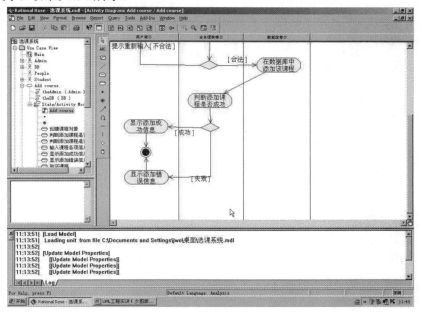

图 4.38 Add Course 用例的完整活动图

（24）双击决策，弹出"Decision Specification for Untitled"对话框，转到"Transitions"选项卡即可看到与决策相关的转移关系，如图 4.39 所示。

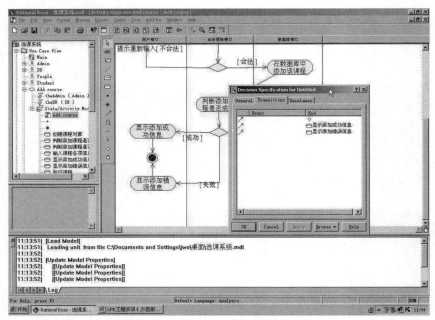

图 4.39 查看与决策相关的转移关系

当然，也可以给决策命名。只需转到"Decision Specification for Untitled"对话框的"General"选项卡，修改其中的"Name"项的内容即可。

接下来介绍状态图的创建方法，创建 Course 状态图的步骤如下：

（1）单击鼠标右键，在弹出的快捷菜单中选择"New"命令，在其子菜单中选择"StateChartDiagram"命令，创建一个新的状态图，此时窗口如图 4.40 所示。

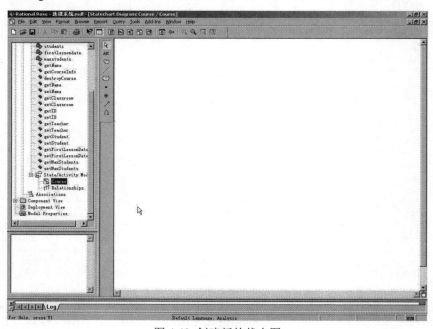

图 4.40 创建新的状态图

（2）如图 4.40 所示，将状态图重命名为"Course"。

（3）在工具栏中选择起始状态图标"Start State"，放到状态图窗口中，再选择一个状态框图标"State"，放到状态图中。将状态框重命名为"Created"，如图 4.41 所示。使用同样的方法添加"In Database"状态和"In Schedule"状态。

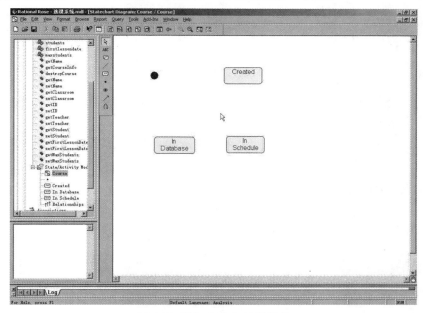

图 4.41 添加并重命名新状态

（4）双击"Created"状态，弹出图 4.42 所示的"State Specification for Created"对话框，在"Documentation"文本框中输入"创建课程对象"，单击"OK"按钮。

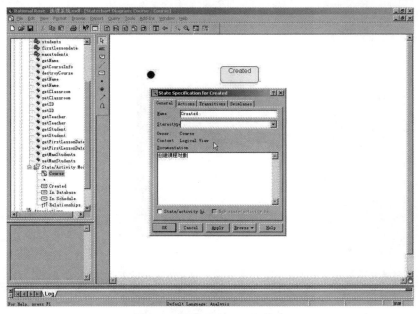

图 4.42 设置"Created"状态

（5）在工具栏中单击"State Transition"图标，在状态图中从起始状态指向"Created"状态，在二者之间建立一个转移关系，如图4.43所示。

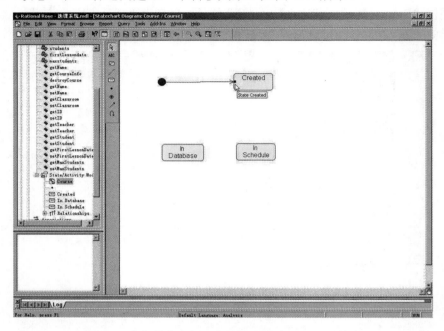

图4.43 在起始状态与"Created"状态之间添加转移

（6）双击该转移关系，弹出"State Transition Specification"对话框，在"Event"文本框中输入"Create Course"，如图4.44所示。

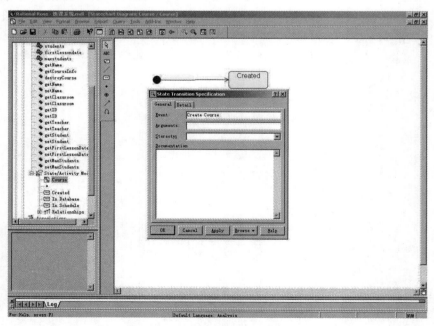

图4.44 设置转移关系的参数

（7）在"State Transition Specification"对话框中，转到"Detail"选项卡，即可在其中设置转移的其他信息，如图 4.45 所示。

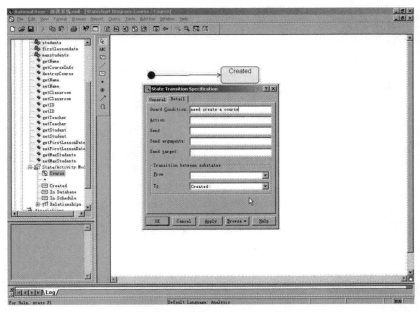

图 4.45 设置转移的其他信息

（8）单击"OK"按钮，返回到状态图窗口，如图 4.46 所示。

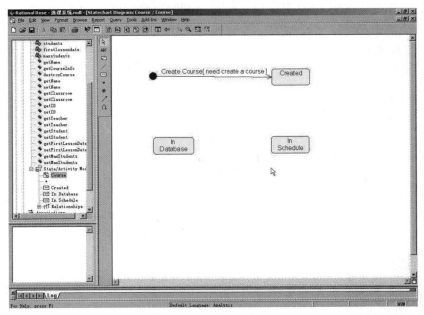

图 4.46 返回状态图窗口

（9）用鼠标双击"Created"状态，弹出"State Specification for Created"对话框，转到"Actions"选项卡，设置此状态下的 Activity。将光标置于列表框中，单击鼠标右键，在弹出的快捷菜单中选择"Insert"命令，向列表中添加一个 Activity，如图 4.47 所示。

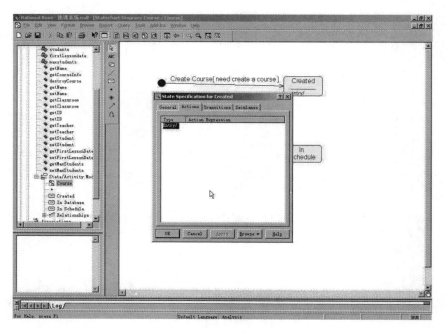

图 4.47 设置"Created"状态下的 Activity

（10）双击刚才添加的 Activity，弹出"Action Specification Untitled"对话框，在 "Name"文本框中输入"Get Course Info"，如图 4.48 所示。

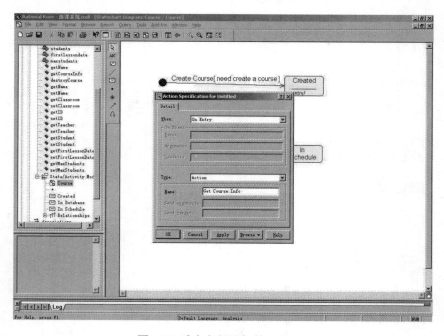

图 4.48 重命名新添加的 Activity

（11）单击"OK"按钮，状态图窗口变成如图 4.49 所示的形式。

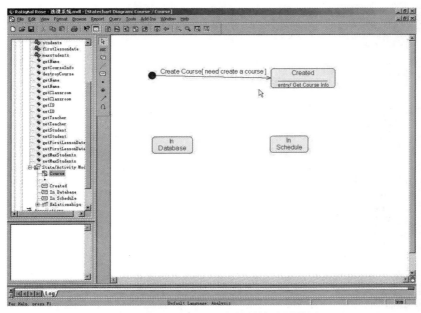

图 4.49 "Created"状态的最终设置效果

（12）采用同样的方法，在"In Database"状态和"In Schedule"状态之间添加转移，双击该转移，在弹出的对话框中转到"Detail"选项卡，设置"守护"条件。如果选修某门课的学生人数少于最大可选学生人数，则这门课程的状态可以从"In Database"转移到"In Schedule"，设置结果如图 4.50 所示。

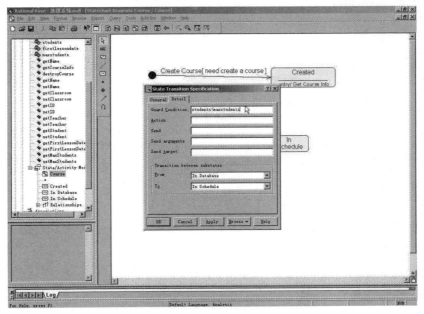

图 4.50 设置其他状态

（13）单击"OK"按钮，返回状态图窗口，如图4.51所示。

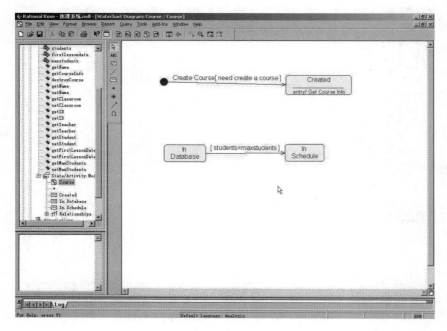

图 4.51 返回状态图窗口

（14）重复以上过程，即可以完成"Course"状态图，如图4.52所示。

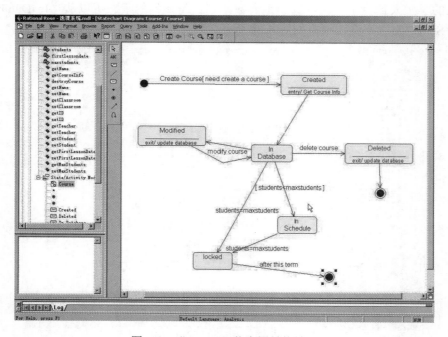

图 4.52 "Course"状态图最终效果

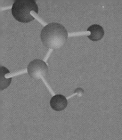

# 第5章

# 类图和包

## 5.1 类的定义

在 UML 中，有两种图非常重要，一种是第 3 章中介绍的用例图，另一种就是本章将要介绍的类图。Rumbaugh 对类的定义如下：类是具有相似结构、行为和关系的一组对象的描述符。在 UML 中，类表示为划分成 3 个格子的长方形，如图 5.1 所示。

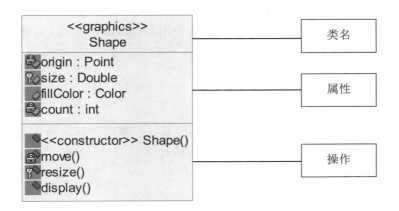

图 5.1 UML 中表示类的符号

在图 5.1 所示的类中，类名是"Shape"，它有 4 个属性，分别为"origin""size""fillColor"和"count"，其中若某个属性有一下画线，表示该属性是静态（static）属性。Shape 类有 Shape()、move()、resize()和 display()4 个方法。其中 Shape()方法的版型为<<constructor>>，表示该方法是构造方法，而 Shape 类是一个版型为<<graphics>>的类。

在定义类的时候，类的命名应尽量用应用领域中的术语，应明确、无歧义，以便于开发人员与用户之间的相互理解和交流。一般而言，类的名字是名词。在 UML 中，类的命名分 simple name 和 path name 两种形式，其中 simple name 形式的类名就是简单的类的名字，而 path name 形式的类名还包括了包名。path name 形式的类名如下：

```
Util::Shape
```

其中"util"是包名，"Shape"是包"util"中的一个类。

## 5.1.1　类的属性

属性（attribute）是已被命名的类的特性，它描述了该特性的实例可以取值的范围。属性描述了正被建模的事件的一些特性，这些特性是类的所有对象所共有的。

例如，所有的 CPU 都有主频率、指令集类型、运算的位数和外观尺寸等属性。

属性声明的一般语法格式如下：

[可见性]属性名[:类型][=初始值][{特性串}]

**例 5.1**　属性声明的一些例子。

```
+size:int = 100
#visibility:Boolean = false
-xptr:XwindowPtr
```

需要说明的是，对属性可见性（visibility）的表示，UML 和 Rational Rose 采用了不同的符号，UML 规范中规定的是用"+""#""-"等符号，而 Rational Rose 中采用图形符号来标识（见图 5.1）。

从理论上来讲，一个类可以有无限多个属性，但一般不可能把所有的属性都表示出来，因此在选取类的属性时应只考虑那些系统会用到的特征。原则上，由类的属性应能区分每个特定的对象。

## 5.1.2　类的操作

操作（operation）用于修改、检索类的属性或执行某些动作，操作通常也称为功能。但是它们被约束于类的内部，只能作用到该类的对象上。

操作声明的一般语法格式如下：

[可见性]操作名[(参数列表)][:返回类型][{特性串}]

**例 5.2**　操作声明的一些例子。

```
+display():Location
+hide()
#create()
-attachXWindow(xwin:XwindowPtr)
```

## 5.2 类之间的关系

一般来说，类之间的关系有关联、聚集、组合、泛化、依赖等，下面将分别对这些关系进行详细说明。

### 5.2.1 关联

关联（association）是模型元素间的一种语义联系，它是对具有共同的结构特征、行为特性、关系和语义的链（link）的描述。

在上面的定义中，需要注意"链"这个概念。链是一个实例，就像对象是类的实例一样，链是关联的实例，关联表示的是类与类之间的关系，而链表示的是对象与对象之间的关系。

在类图中，关联用一条把类连接在一起的实线来表示。

一个关联可以有两个或多个关联端（association end），每个关联端连接到一个类。关联也可以有方向，可以是单向关联（uni-directional association）或双向关联（bi-directional association）。图 5.2 所示为类之间的双向关联关系，图 5.3 所示为类之间的单向关联关系。

图 5.2 类之间的双向关联关系　　　　图 5.3 类之间的单向关联关系

关联是类图中非常重要的一种关系，这里以实现时相对应的 Java 代码来帮助理解关联关系。可以在 Rational Rose 中创建如图 5.3 所示的类图，并用 Rational Rose 生成 Java 代码，代码如下。

类 A 的代码：

```
public class A
{
  public B theB;
  /**
    *@roseuid 3DAFBF0F01FC
   */
  public A()
  {
  }
}
```

类 B 的代码：

```
public class B
{
    /**
     *@roseuid 3DAFBF0F01A2
     */
    public B()
    {
    }
}
```

从上面的代码中可以看到，在类 A 中，有一个属性"theB"，其类型为 B，而在类 B 中，没有相应的类型为 A 的属性。如果把这个单向关联改为双向关联，则生成的类 B 的代码中会有相应的类型为 A 的属性。

在上面的代码中，分别有类 A 和类 B 的构造方法生成。Rational Rose 在生成代码时，默认情况下会生成构造方法。此例子中，采用系统的默认配置，即要求生成构造方法。如果不想要构造方法，可以对 Rational Rose 的"Tools→Options→Java"的"Class"选项的"GenerateDefaultConstructor"属性进行设置。如果设置为"False"，即要求不生成构造方法（该属性的默认值为"True"）。

另外，代码中有类似@roseuid 3DAFBF0F01FC 这样的语句，称作代码标识号。它的作用是标识代码中的类、操作和其他模型元素。在双向工程（正向工程和逆向工程）中，可以使代码和模型同步。

在一个关联上可以做以下修饰。

### 1. 关联名

可以给关联加上关联名来描述关联的作用。图 5.4 所示是使用关联名的一个例子，其中 Company 类和 Person 类之间的关联如果不使用关联名，则可以有多种解释，如 Person 类可以表示是公司的客户、雇员或所有者等。但如果在关联上加上 Employs 这个关系名，则表示 Company 类和 Person 类之间是 Employs 关系，显然这样语义上更加明确。一般说来，关联名通常是动词或动词短语。

图 5.4 使用关联名的关联

当然，在一个类图中，并不需要给每个关联都加上关联名，给关联命名的原则应该是该命名有助于理解模型。事实上，如果一个关联表示的含义已经足够明确，再给它加上关联名，反而会使类图变乱，只会起到画蛇添足的作用。

### 2. 关联的参与者

关联两端的类可以以某种参与者参与关联。例如，在图 5.5 中，Company 类以 employer 的参与者、Person 类以 employee 的参与者参与关联，employer 和 employee 称为参与者名。如果在关联上没有标出参与者名，则隐含地用类的名称作为参与者名。

参与者还具有多重性（multiplicity），表示可以有多少个对象参与该关联。在图 5.5 中，雇主（Company）可以雇用（employee）多个雇员（Person），表示为 "0..$n$"；雇员（Person）只能被一家雇主（Company）雇用（employee），表示为 "1"。

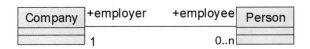

图 5.5 关联的参与者[1]

在 UML 中，多重性可以用如下格式表示：

- 0..1
- 0..*（也可以表示为 "0..$n$"）
- 1 （"1..1" 的简写）
- 1..*（也可以表示为 "1..$n$"）
- * （同 "0..$n$"）
- 0 （"0..0" 的简写）（表示没有实例参与关联，一般不用）

从中可以看到，多重性是用非负整数的一个子集来表示的。多重性其实指出了关系的结构，比如网状结构（$m$ 对 $n$）、链状结构（1 对 1）、树状结构（1 对 $n$）等。

**3. 关联类**

关联本身也可以有特性，通过关联类（association class）可以进一步描述关联的属性、操作及其他信息。关联类通过一条虚线与关联连接。图 5.6 中的 Contract 类是一个关联类，Contract 类中有属性 salary，该属性描述的是 Company 类和 Person 类之间的关联的属性，而非描述 Company 类或 Person 类的属性。

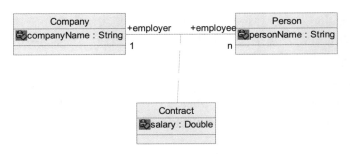

图 5.6 使用关联类的关联

为了更好地理解关联类，这里也用 Rational Rose 生成相应的 Java 代码，共 3 个类，代码如下。

Company 类的代码：

```
public class Company
{
```

---

1 编辑注："$n$" 为变量，表示多重性，应为斜体，文中软件截图受系统限制，无法用斜体，故在正文叙述中使用斜体。

```
    private String companyName;
    public Person employee[];
}
```

Person 类的代码:

```
public class Person
{
    Private String personName;
    protected Company employer;
}
类 "Contract" 的代码:
public class Contract
{
    private Double salary;
}
```

由于指定了关联参与者的名字，所以生成的代码中就直接用关联、参与者名作为所声明的变量的名字，如 employee、employer 等。

因为指定关联的 employee 端的多重性为 $n$，所以在生成的代码中，employee 是类型为 Person 的数组。

另外，我们可以发现所生成的 Java 代码中都没有构造方法。这是因为在生成代码前，已经把 Rational Rose 的 "Tools→Options→Java" 中的 "Class" 选项的 "GenerateDefault Constructor" 属性设置为 "False"，即要求生成代码时不生成类的默认构造方法。

## 5.2.2 聚集和组合

聚集（aggregation）是一种特殊形式的关联。聚集表示类之间整体与部分的关系。在对系统进行分析和设计时，需求描述中的"包含""组成""分为……部分"等词常常意味着存在聚集关系。

组合（composition）表示的也是类之间的整体与部分的关系，但组合关系中的整体与部分具有同样的生存期。也就是说，组合是一种特殊形式的聚集。

图 5.7 和图 5.8 所示分别是聚集关系和组合关系的例子。

图 5.7 聚集关系          图 5.8 组合关系

图 5.7 中的教室类和桌子类之间是聚集关系。教室里包含桌子，但是桌子还可以搬到其他地方继续用。

图 5.8 中的教室类和墙壁类之间是组合关系。教室里包含墙壁，但是墙壁是不能搬到其他地方去用的，所以墙壁和教室之间是"共存亡"的关系。

聚集关系和组合关系是类图中很重要的两个概念，但也是比较容易混淆的概念，在实际运用时往往很难确定应该用聚集关系还是组合关系。事实上，在设计类图时，设计人员是根据需求分析描述的上下文来确定是使用聚集关系还是组合关系的。对于同一个设计，可能采用聚集关系和采用组合关系都是可以的，不同的只是采用哪种关系更为贴切。

## 5.2.3　泛化

泛化（generalization）定义了一般元素和特殊元素之间的分类关系，如果从面向对象程序设计语言的角度来说，类与类之间的泛化关系就是平常所说的类与类之间的继承关系。

泛化关系也称为"a-kind-of"关系。在 UML 中，泛化关系不仅仅是类与类之间才有，像用例、参与者、关联、包、构件、数据类型、接口、节点、信号、子系统、状态、事件、协作等这些建模元素之间也可以有泛化关系。

UML 中用一头为空心三角形的连线表示泛化关系。图 5.9 所示是类之间的泛化关系的例子。

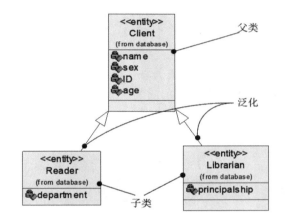

图 5.9　类之间的泛化关系

在图 5.9 中，Reader 类、Librarian 类与 Client 类之间就是泛化关系。

## 5.2.4　依赖

假设有两个元素 X、Y，如果修改元素 X 的定义可能会导致对另一个元素 Y 的定义的修改，则称元素 Y 依赖于元素 X。

对于类而言，依赖（dependency）关系可能由各种原因引起，如一个类向另一个类发送消息，或者一个类是另一个类的数据成员类型，或者一个类是另一个类的操作的参数类型等。图 5.10 所示是类之间依赖关系的例子，其中 Schedule 类中的 add()操作和 remove()操作都有类型为 Course 的参数，因此 Schedule 类依赖于 Course 类。

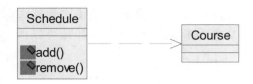

图 5.10 依赖关系

有时依赖关系和关联关系比较难以区分。事实上，如果类 A 和类 B 之间有关联关系，那么类 A 和类 B 之间也就有依赖关系了。但如果两个类之间有关联关系，那么一般只需表示出关联关系即可，不用再表示这两个类之间还有依赖关系。而且，如果在一个类图中有过多的依赖关系，反而会使类图难以理解。

与关联关系不同的是，依赖关系本身不生成专门的实现代码。

另外，与泛化关系类似，依赖关系也不仅只是限于类之间，其他建模元素，如用例与用例之间、包与包之间也可以有依赖关系。

## 5.3 派生属性和派生关联

派生属性（derived attribute）和派生关联（derived association）是指可以从其他属性和关联计算推演得到的属性和关联。例如，图 5.11 所示的 Person 类的 age 属性即为派生属性，因为一个人的年龄可以从当前日期和其出生日期推算出来。在类图中，派生属性和派生关联的名字前需要加一个斜杠"/"。

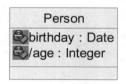

图 5.11 派生属性

图 5.12 所示是派生关联的例子，WorkForCompany 为派生关联。一个公司由多个部门组成，一个人为某一个部门工作，那么就可以推演出这个人为这个公司工作。

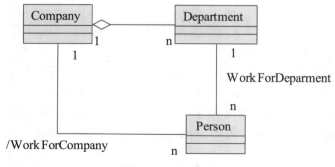

图 5.12 派生关联

在生成代码时，派生属性和派生关联不产生相应的代码。指明某些属性和关联是派生属性和派生关联有助于保障数据的一致性。

# 5.4 抽象类和接口

抽象类（abstract class）是不能直接产生实例的类，因为抽象类中的方法往往只是一些声明，而没有具体的实现，因此不能对抽象类实例化。UML 中通过把类名写成斜体字来表示抽象类。

接口是类的<<interface>>版型，图 5.13 所示是接口的表示方式。

接口与抽象类很相似，但两者之间也有不同之处：接口中声明的所有方法都没有实现部分，而抽象类中的某些方法可以有具体的实现。

Interface

Icon 形式

图 5.13 接口的表示方式

# 5.5 版型

版型（stereotype）是 UML 的 3 种扩展机制之一，UML 中的另外两种扩展机制是标记值（tagged value）和约束（constraint）。"stereotype"这个词来源于印刷业中的术语，一般在进行正式印刷前需要进行制版，然后根据做好的版型进行批量印刷。

在前文介绍 UML 的构成时，已提到 UML 中的基本构造块包括事物、关系、图这 3 种类型。版型是建模人员在已有的构造块上派生出的新构造块，这些新构造块是和特定问题相关的。需要注意的是，版型必须定义在 UML 中已经有定义的基本构造块之上，是在已有元素上增加新的语义，而不是增加新的语法结构。如果把基本构造块比作一门语言中的词汇，那么版型就是扩展了整个词汇表。

版型是 UML 中的一个非常重要的概念，UML 之所以有强大而灵活的表示能力，与版型这个扩展机制有很大的关系。版型可以应用于所有类型的模型元素，包括类、节点、构件、注解、关系、包、操作等。当然，在某些建模元素上定义的版型比较多，在另一些建模元素上可能就很少定义，如尽管可以但一般很少在注解上定义版型。

UML 中预定义了一些版型，如包的版型有子系统等，类的版型有接口、参与者、边界类、控制类、实体类等，当然用户也可以自定义版型。

图 5.14 中用<<GUI>>这个版型说明 ManagementWindow 是一个专用于图形用户界面的类。这样不仅能清楚地表示这个类是用于处理 GUI 的，还便于在必要的时候用 Rational Rose 的脚本语言做某些操作，如检索出所有版型为<<GUI>>的类，并输出这些类的类名。

图 5.14 自定义版型

# 5.6 类图

类加上它们之间的关系构成了类图，类图中可以包含接口、包、关系等建模元素，也可以包含对象、链等实例。类、对象和它们之间的关系是面向对象技术中最基本的元素，类图可以说是 UML 的核心。

类图描述的是类与类之间的静态关系。与数据模型不同的是，类图不仅显示了信息的结构，同时还描述了系统的行为。

## 5.6.1 类图的抽象层次

在软件开发的不同阶段使用的类图具有不同的抽象层次。一般类图可分为 3 个层次，即概念层、说明层和实现层，把类图划分为 3 个层次对于画类图或者阅读类图非常有用。

概念层（conceptual）类图描述应用领域中的概念，一般这些概念和类有很自然的联系，但两者并没有直接的映射关系。画概念层类图时，很少考虑或不考虑实现问题，因此，概念层类图应独立于具体的程序设计语言。

说明层（specification）类图描述软件的接口部分，而不是软件的实现部分。接口可能因为实现环境、运行特性或者开发商的不同而有多种不同的实现。

实现层（implementation）类图才是真正考虑类的实现问题、提供类的实现细节的部分。

图 5.15 所示是同一个类的 3 个不同层次的示意图。

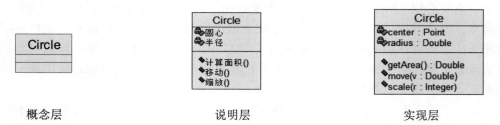

概念层　　　　　　　　　　　　　　　　说明层　　　　　　　　　　　　　　　　实现层

图 5.15 类的 3 个不同层次

从图 5.15 中可以看出，概念层类图只有一个类名。说明层类图有类名、属性名和方法名，但对属性没有类型的说明，对方法的参数和返回类型也没有指明，在这个阶段虽然表达了计算机观点，但描述上却常采用接近现实世界的语言，以保证从现实到代码实现的过渡。实现层类图则对类的属性和方法都作了详细的说明。

实现层类图可能是大多数人最常用的类图，但在很多时候，说明层类图更易于开发者之间的相互理解和交流。

可以用版型<<implementation class>>说明一个类是实现层的，用<<type>>说明一个类是说明层或概念层的，当然也可以不用版型特地指明。需要说明的是，类图的 3 个层次之间没有一个很清晰的界限，类图从概念层到实现层的过渡是一个渐进的过程。

## 5.6.2　构造类图

确定系统中的类是 OO 分析和设计的核心工作。但类的确定是一个需要技巧的工作，系统中的有些类可能比较容易发现，而另外一些类可能很难发现，不可能存在一个简单的算法可以找到所有类。寻找类的技巧有以下几个：

根据用例描述中的名词确定类的候选者。比如，从事件流中寻找名词或名词词组，将性质相同的归为一类，或者将内容值正负相反的归为一类。在事件流中，名词可以分为 4 种类型：参与者、类、类属性和表达式。所以要去除不恰当的、含糊的类别及应归为属性的项目。

使用 CRC 分析法寻找类。CRC 是类（class）、职责（responsibility）和协作（collaboration）的简称，CRC 分析法根据类所要扮演的职责来确定类。

根据边界类、控制类和实体类的划分来帮助发现系统中的类。对领域进行分析，或利用已有的领域分析结果得到类。

参考设计模式来确定类。

根据某些软件开发过程提供的指导原则进行寻找类的工作。例如，在 RUP（Rational Unified Process）中，有对分析和设计过程如何寻找类的比较详细的步骤说明，可以以这些说明为准则寻找类。

在构造类图时，不要试图使用所有的符号，这个建议对于构造其他图也是适用的。在 UML 中，有些符号仅用于特殊的场合和方法中，有些符号只有在需要时才会使用。UML 中大约 20%的建模元素可以满足 80%的建模要求。

构造类图时不要过早陷入实现细节，应该根据项目开发的不同阶段，采用不同层次的类图。如果处于分析阶段，应画概念层类图；当开始着手软件设计时，应画说明层类图；当考察某个特定的实现技术时，则应画实现层类图。

在对类进行分析与设计的时候，应明确"低耦合，高内聚"的原则，尽量充分考虑类的可复用性。

## 5.7  包的基本概念

软件开发过程中常见的问题之一是如何把一个大系统分解为多个较小系统。分解是控制软件复杂性的重要手段，在结构化方法中，考虑的是如何对功能进行分解，而在 OO 方法中，需要考虑的是如何把相关的类放在一起，而不是对系统的功能进行分解。包在开发大型系统时是一个非常重要的机制，包中的元素不仅仅限于类，可以是任何 UML 建模元素。包就像一个"容器"，可用于组织模型中的相关元素以使其更易于理解。图 5.16 所示是一个包的例子。

包中可以包含其他建模元素，如类、接口、构件、节点、用例、包等。就像对类的属性和操作可以进行可见性控制一样，对包中的元素也可进行可见性控制。图 5.16 中的 AWT 包中有 3 个元素：Window、From 和 EventHandler。其中 Window 的可见性为共有的（public），表示在任何导入 AWT 包的包中，都可以引用 Window 这个元素；Form 的可见性为保护的（protected），表示只有 AWT 包的子包才可以引用 Form 这个元素；EventHandler 的可见性为私有的（privated），表示只有在 AWT 包中才可以引用 EventHandler 这个元素。

　　对包的命名有两种方式，即简单包名和路径包名。例如，Vision 是一个简单的包名，而 Sensors::Vision 是带路径的包名。其中 Sensors 是 Vision 包的外围包。也就是说，Vision 包是嵌套在 Sensors 包中的。包可以嵌套，但在实际应用中，嵌套层次不宜过深。

　　包与包之间可以存在依赖关系，但这种依赖关系没有传递性。图 5.17 所示是包之间的非传递依赖关系的例子，包 User Services 依赖于包 Business Services，包 Business Services 又依赖于包 Data Services，但包 User Services 并不依赖于包 Data Services。图中的依赖关系的版型都是<<import>>，表示源包会存取目的包中的内容，同时目的包中的内容是加到源包的名字空间的，这样在引用目的包中的内容时就不需要加包名限定，直接用目的包中的元素名字即可。

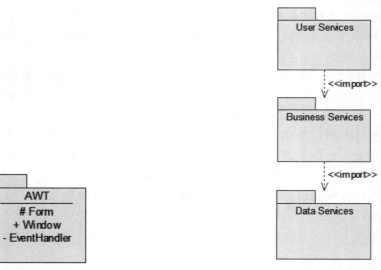

图 5.16 AWT 包　　　　　　　　　　图 5.17 包之间的非传递依赖关系

　　包是 UML 中的建模元素，但 UML 中并没有一个包图，通常一些书上所说的包图指的就是类图、用例图等，只是在这些图中只有包这一种元素。

　　除了在 OO 设计中对建模元素进行分组外，在 Rational Rose 中，包可以提供一些特殊的功能。例如，在数据建模中，用包表示模式和域，在数据模型和对象模型之间转换是以包为单位进行的；在 Web 建模中，包可以表示某一虚拟目录（virtual directory），在该目录下的所有 Web 元素都在这个包中。

## 5.8 建模实例

第 4 章演示了如何创建选课模型中的活动图和状态图。本章将演示如何创建类图，但需要说明的是，本章对类的分析设计与第 6 章对交互的分析设计其实是密不可分的，是一个互相补充的迭代过程，类图和交互图存在着潜在的映射关系。

以课程实体为例，下面介绍在 Rational Rose 中创建 Course 类的过程。

（1）选择"Logical View"选项，单击鼠标右键，在弹出的快捷菜单中选择"New"命令，再在下一级菜单中选择"Class"命令，创建一个新的类，然后将类重合名为"Course"，如图 5.18 所示。

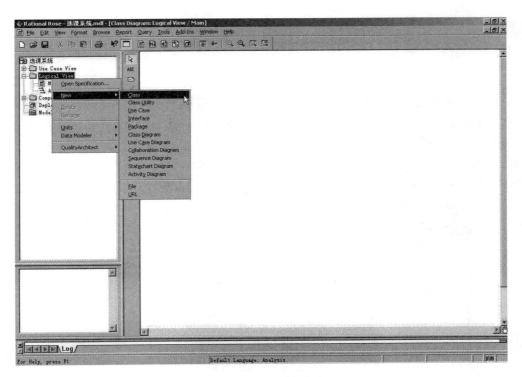

图 5.18 创建并重命名类

（2）添加属性。在浏览器中选择类"Course"，单击鼠标右键，在弹出的快捷菜单中选择"New"命令，再在下一级菜单中选择"Attribute"命令，即可添加一个新的属性，将属性重命名为"name"，结果如图 5.19 所示。

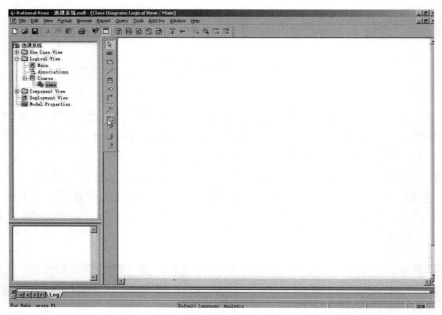

图 5.19 添加并重命名属性

（3）选择"name"，单击鼠标右键，在弹出的快捷菜单中选择"Open Specification…"命令，则弹出如图 5.20 所示的"Class Attribute Specification for name"对话框。其中有两个选项卡，一个用来设置属性的固有特性，比如类型"Type"、版型"Stereotype"、初始值"Initial"、存取控制"Export Control"等；另一个用来进一步指定属性是静态"Static"的，还是继承"Derived"的等。

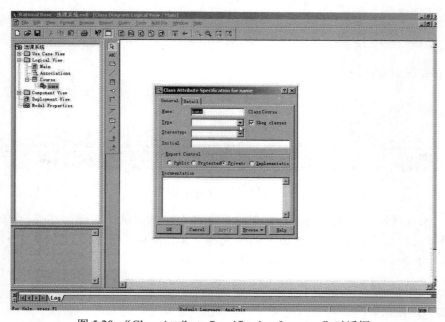

图 5.20 "Class Attribute Specification for name"对话框

（4）设置属性的类型"Type"、初始值"Initial"和存取控制"Export Control"等，如图 5.21 所示。

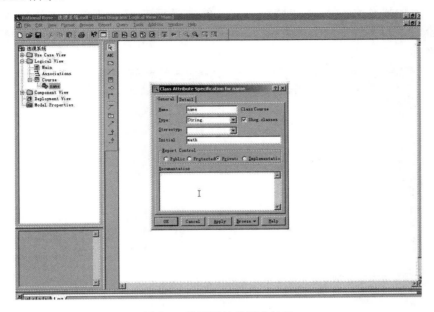

图 5.21 设置属性的固有特性

（5）进一步设置属性的"Containment"为"By Value"。属性的"Containment"特征表示属性如何存放在类中，"By Value"表示属性放在类中，"By Reference"表示属性放在类外，类通过引用指向这个属性，"Unspecified"表示还没有指定控制类型，应在生成代码之前指定"By Value"或"By Reference"。

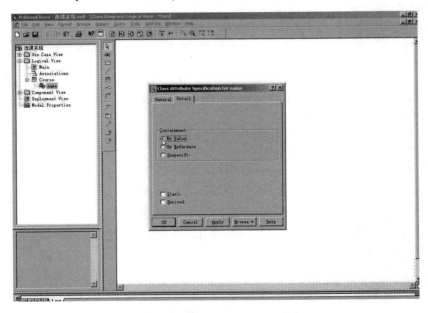

图 5.22 设置"Containment"特征

（6）如果要删除属性，用鼠标右键单击属性，在弹出的快捷菜单中选择"Delete"命令即可。

（7）添加操作。选择类"Course"，单击鼠标右键，在弹出的快捷菜单中选择"New"命令，再在下一级菜单中选择"Operation"命令，即可添加一个新的操作，并将所添加操作的重命名为"getName"，如图 5.23 所示。

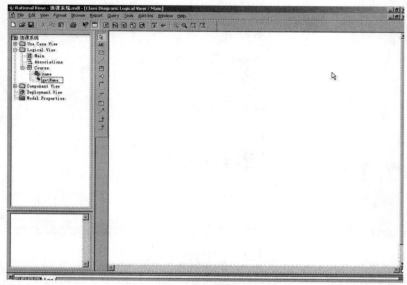

图 5.23 添加并重命名操作

（8）选择"getName"，单击鼠标右键，在弹出的快捷菜单中选择"Open Specification..."命令，在弹出的"Operation Specification for getName"对话框中可以设置操作的固有特性。如图 5.24 所示。

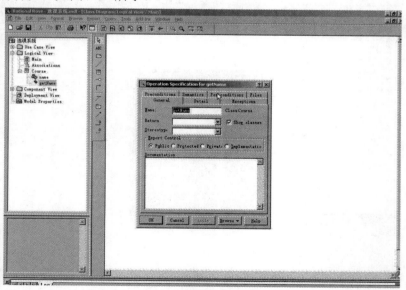

图 5.24 设置操作的固有特性

（9）在"Operation Specification for getName"对话框中，操作或者属性都有存取控制的选项，操作的存取控制的选项的默认值是公有的，属性的存取控制的选项的默认值是私有的，不同的存取控制采用不同的标记来表示。

（10）重复以上步骤，完成 Course 类的设计。图 5.25 所示是 Course 类的设计结果图。

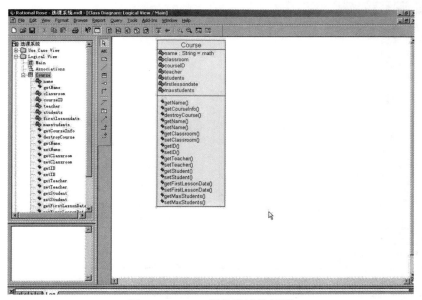

图 5.25  Course 类的设计结果图

（11）实际使用中常常遇到像 Course 类这样的属性和操作比较多的情况，考虑到类图整体的可读性，常常会隐藏类的属性和操作。在图中的类"Course"上单击鼠标右键，在弹出的快捷菜单中选择"Options"命令，再在下一级菜单中选择"Suppress Attributes"和"Suppress Operations"命令，即可隐藏该类的属性和操作，如图 5.26 所示。

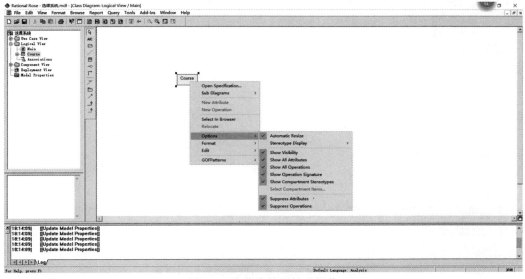

图 5.26  隐藏类的属性和操作

（12）然后可以继续完成其他类的设计，并添加类和类之间的关系。

（13）选择工具栏中的"Generalizaiton"图标，添加在 Course 类与子类之间，实现继承关系，如图 5.27 所示。

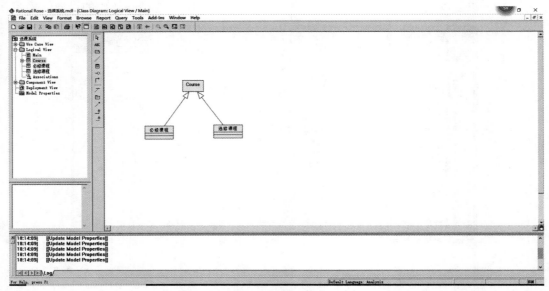

图 5.27　添加 Course 类与子类间的继承关系

（14）选取工具栏中的"Unidirectional Association"图标，添加在 Course 类与课程表类之间，然后双击该连接，在对话框中转到"Role A Detail"选项卡，如图 5.28 所示，勾选对话框中的"Aggregate"复选框，并且取消勾选"Navigable"复选框，结果如图 5.29 所示。

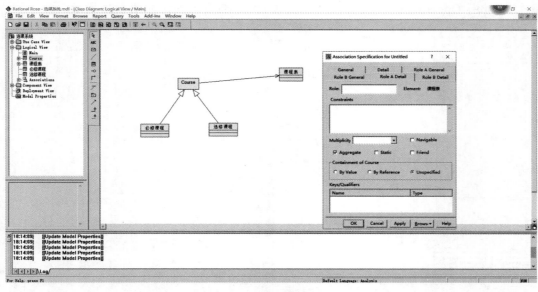

图 5.28　在 Course 类与课程表间添加关系

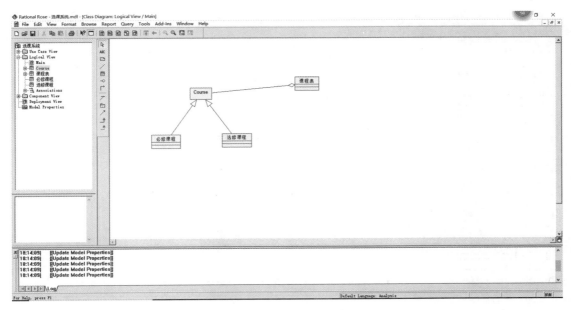

图 5.29 设置关联参数

（15）将 "Role A Detail" 选项卡中的 "Containment of Course" 设置为 "By Value"，如图 5.30 所示，聚合关系将变为组合关系，结果如图 5.31 所示。

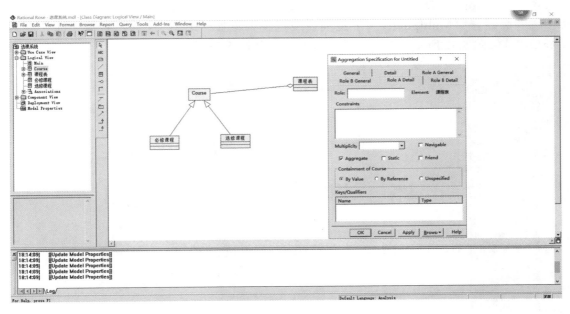

图 5.30 改变关系性质

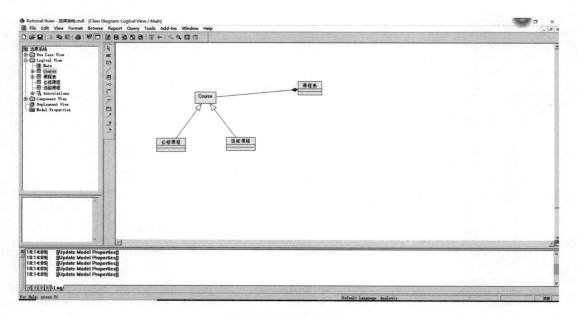

图 5.31 组合关系效果

（16）同样，可以选取工具栏中的"Unidirectional Association"图标，添加在必修课程类与学生类之间，然后双击该连接，在"General"选项卡的"name"输入框中输入关系名，在"Role A Detail"和"Role B Detail"选项卡的"Role"输入框中输入两端的参与者名，在"Multiplicity"下拉列表中选择多重性"n"。注意，有箭头的一端为Role A。如图 5.32 所示，Course 类图最终效果如图 5.33 所示。

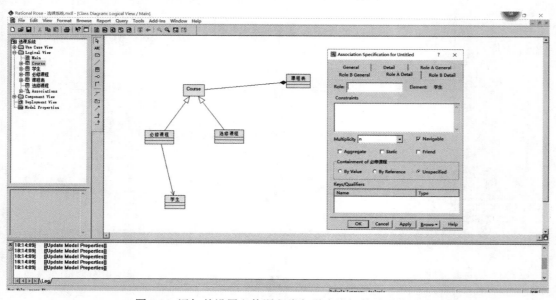

图 5.32 添加并设置必修课程类与学生类间的关联关系

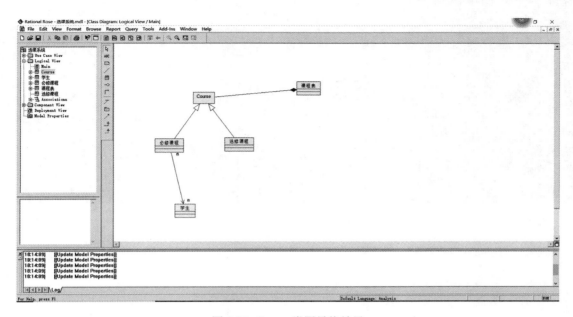

图 5.33  Course 类图最终效果

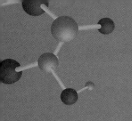

# 第**6**章
## 交互图：用例的实现

## 6.1 交互图概述

一旦定义了工程的用例，就可以用它们来指导对系统的进一步开发。用例的实现描述了相互影响的对象的集合，这些对象将支持用例所要求的全部功能。给出系统用例的实现，是从外部视图转到内部结构的第一步，如图 6.1 所示。

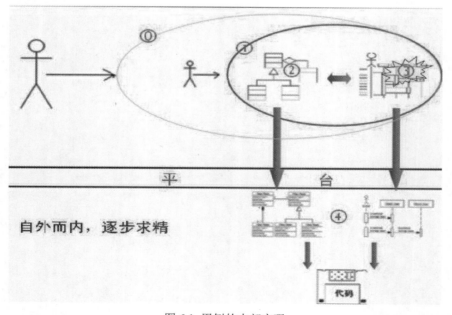

图 6.1 用例的内部实现

在 UML 中，用例的实现用交互图来指定和说明。交互图通过显示对象之间的关系和对象之间处理的消息来对系统的动态特性建模。

交互图包括顺序图和协作图两种形式。顺序图着重描述对象按照时间顺序的消息交换，而协作图着重描述系统成分如何协同工作。顺序图和协作图从不同的角度表达了系统中的交互和行为，它们之间可以相互转化。

交互图可以帮助分析人员对照检查每个用例中所描述的用户需求，以及这些需求是否已经落实到能够完成这些功能的类中去实现，并提醒分析人员去补充遗漏的类或方法。交互图和类图可以相互补充，类图对类的描述比较充分，但对对象之间的消息交互情况的表达不够详细；而交互图虽不考虑系统中的所有类及对象，但可以表示系统中某几个对象之间的交互。

需要说明的是，交互图描述的是对象之间的消息发送关系，而不是类之间的关系。

## 6.2 顺序图

顺序图也称时序图。Rumbaugh 对顺序图的定义是，顺序图是显示对象之间的交互的图，这些对象是按时间顺序排列的。图 6.2 所示是一个简单的顺序图的例子。顺序图由参与者、对象（参与者实例也是对象，但又有所不同）、消息、生命线和控制焦点组成。

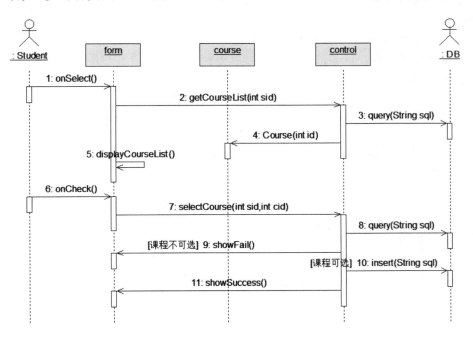

图 6.2 简单的顺序图的例子

在 UML 中，对象表示为一个矩形，其中对象名称标有下画线；消息在顺序图中用有标记的箭头表示；生命线用虚线表示；控制焦点用极窄的矩形表示。顺序图将交互关系表示为一个二维图，纵向是时间轴，时间沿竖线向下延伸。横向轴代表在协作中各独立对象的类元参与者。类元参与者的活动用生命线表示。当对象存在时，生命线用一条纵向虚线表示，当对象的过程处于激活状态时，生命线是双道线。

消息用从一个对象的生命线到另一个对象的生命线的箭头表示。箭头以时间顺序在图中从上到下排列。

其对象间的排列顺序并不重要，但一般习惯把表示参与者的对象放在图的两侧，主要参与者放在最左边，次要参与者放在最右边（或表示人的参与者放在最左边，表示系统的参与者放在最右边）。

顺序图中对象的命名方式主要有 3 种（协作图中的对象命名方式也一样），如图 6.3 所示。

图 6.3 顺序图中对象的命名方式

第一种命名方式包括对象名和类名；第二种命名方式只显示类名不显示对象名，即表示这是一个匿名对象；第三种命名方式只显示对象名不显示类名，即不关心该对象属于什么类。

控制焦点是顺序图中表示时间段的符号，在指定时间段内，对象将执行相应的操作。控制焦点可以嵌套，嵌套的控制焦点可以更精确地说明消息的开始位置和结束位置。图 6.4 所示为控制焦点的嵌套的例子。

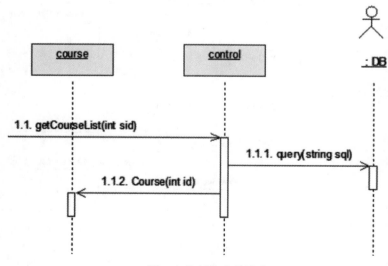

图 6.4 控制焦点的嵌套

# 6.3 顺序图中的消息

消息是顺序图中的一个重要的概念，消息也是 UML 规范说明中变化较大的一个内容。UML 1.4 及以上版本的规范说明中对顺序图中的消息做了简化，只规定了调用消息、异步消息和返回消息这 3 种消息，而在 UML 1.3 及以下版本的规范说明中还有简单消息这种类型。除此之外，还有阻止（balking）消息、超时（time-out）消息等，但并不常用。

## 6.3.1 调用消息

调用消息的发送者把控制传递给消息的接收者，然后停止活动，等待消息接收者放弃或返回控制。调用消息可以用来表示同步的含义，事实上，在 UML 规范说明的早期版本中，就是采用同步消息这个术语的（Rational Rose 2003 版本中，为了与早期的版本兼容，仍然可以使用同步消息，但采用不用的箭头符号表示）。

调用消息的表示符号如图 6.5 所示，其中 oper()是一个调用消息。

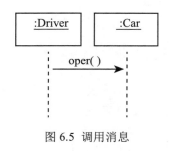

图 6.5 调用消息

## 6.3.2 异步消息

异步消息的发送者通过消息把信号传递给消息的接收者，然后继续自己的活动，不等待接收者返回消息或控制。异步消息的接收者和发送者是并发工作的。图 6.6 所示是 UML 1.4 及以上版本规范说明中表示异步消息的符号。与调用消息相比，异步消息在箭头符号上有所不同。

需要说明的是，同样的符号在 UML 1.3 及以下版本规范说明中表示的是简单消息，而在 UML 1.3 及以下版本规范说明中表示异步消息是采用半箭头的符号，如图 6.7 所示。

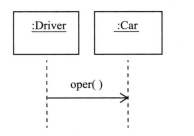

图 6.6 UML 1.4 及以上版本中的异步消息

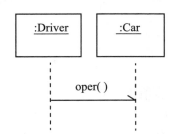

图 6.7 UML 1.3 及以下版本中的异步消息

### 6.3.3　返回消息

返回消息表示从过程调用返回。如果是从过程调用返回，则返回消息是隐含的，所以返回消息可以不用画出来。对于非过程调用，如果有返回消息，必须明确表示出来。

图 6.8 所示是返回消息，其中的虚线箭头表示对应于 oper( )这个消息的返回消息。

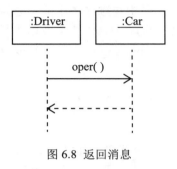

图 6.8　返回消息

### 6.3.4　阻止消息和超时消息

阻止消息是指消息发送者发出消息给消息接收者，如果接收者无法立即接收消息，则发送者放弃这个消息。Rational Rose 中用折回的箭头表示阻止消息，如图 6.9 所示。

超时消息是指消息发送者发出消息给接收者并按指定时间等待。如果接收者无法在指定时间内接收消息，则发送者放弃这个消息。如图 6.10 所示是超时消息的例子。

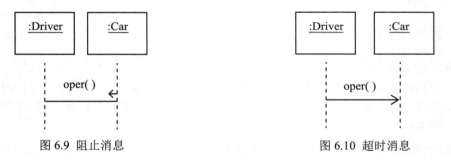

图 6.9　阻止消息　　　　　　　　　　　图 6.10　超时消息

## 6.4　协作图

前面介绍了交互图的一种形式——顺序图，下面介绍交互图的另一种形式——协作图。协作图是用于描述系统行为是如何由系统的各个部分协作实现的图，协作图中包括的建模元素有对象（包括参与者实例、多对象、主动对象等）、消息、链等。

协作图由参与者、对象、连接和消息等基本元素组成。

### 1. 对象

表示参与协作的对象。对象可以指定它的类，也可以直接用空对象表示，在将来再指定它的类（顺序图里的对象也是如此）。

这里主要强调多对象的概念。在协作图中，多对象指的是由多个对象组成的对象集合，一般这些对象是属于同一个类的。当需要把消息同时发送给多个对象而不是单个对象的时候，就要使用"多对象"这个概念。在协作图中，多对象用多个方框的重叠表示，如图 6.11 所示。其实在顺序图中也可以使用多对象。在对象的规范说明（specification）中可以将对象设置为多对象，但显示出来时和单对象是一样的，并没有显示为多个方框的重叠。

### 2. 对象关联

对象关联连接两个对象，表示两者间的关联，也称为链。与类关系不同，协作图中的对象关联是临时关联，即只在本次交互中存在；而类关系是永久关联，如继承关系不论在什么情况下都是存在的。Rational Rose 中还定义了对象关联的以下可见属性。

- 域（Field）可见：表示关联的对象在交互域内一直可见。这有些类似于 Java 中的包内可见的性质
- 参数（Parameters）可见：表示关联的对象仅在交互过程中可见，它们是通过参数传递产生关联的。
- 本地（Local）可见：表示关联的对象在本地可见。本地的概念类似于是指对象在同一个 JVM（Java 虚拟机）或同一个 Server 或同一个进程中是可见的。
- 全局（Global）可见：表示关联的对象是全局可见的。全局的概念类似于是指对象在整个分布式应用程序中或一个服务器群集中或整个万维网中是可见的。

### 3. 消息

协作图中的消息的定义与顺序图中的消息完全一样。消息可以用依附于连接的带标记的箭头表示。消息包括一个顺序号、一张可选的前任消息表、一个可选的监护条件、一个名字和参量表，以及可选的返回值表。不过，在 Rational Rose 中并不能展示不同消息类型的不同符号，消息类型在打开消息属性对话框时才能看到。

### 4. 消息序号

消息序号是消息的一部分，这里分开讲只是为了强调。序号表明消息传递的先后顺序。在 Rational Rose 中这个序号是由 Rational Rose 自动维护的，且不能手动调整。并且在协作图中消息不能被移动或插入。正因如此，如果要在已经完成的图中移动或插入一条消息，需要将协作图转化成顺序图，在顺序图中移动或插入消息，再将其转换回协作图。在 Rational Rose 中可以使用 F5 快捷键快速转换顺序图和协作图。

图 6.11 所示是一个协作图的例子。

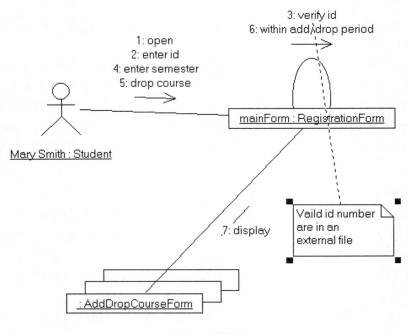

图 6.11　协作图

# 6.5　顺序图和协作图的比较

　　顺序图和协作图都属于交互图，都用于描述系统中对象之间的动态关系。两者可以相互转换，但两者强调的重点不同。顺序图强调的是消息的时间顺序，而协作图强调的是参与交互的对象的组织。从两个图所使用的建模元素上来讲，两者也有各自的特点。顺序图中有对象生命线和控制焦点，协作图中没有；协作图中有路径，并且协作图中的消息必须要有消息顺序号，而顺序图中消息顺序号是可选的。

　　和协作图相比，顺序图在表示算法、对象的生命期、具有多线程特征的对象等方面相对来说更容易些，但在表示并发控制流方面相对较难。

　　顺序图和协作图在语义上是等价的，两者之间可以相互转换，但两者并不能完全相互代替。顺序图可以表示某些协作图无法表示的信息，同样，协作图也可以表示某些顺序图无法表示的信息。例如，在顺序图中不能表示对象与对象之间的链，对于多对象和主动对象也不能直接显示出来，在协作图中则可以表示；协作图不能表示生命线的分叉，在顺序图中则可以表示。

# 6.6 常见问题分析

（1）交互图中的消息和类图中的操作有什么关系？

答：理解交互图中的消息至关重要。在通常情况下，交互图中的消息和消息接收者所属类中的操作是相对应的，当是同步消息的时候，可以说 A 发送消息 f 给 B，等价于 A 调用 B 的操作 f。如果是返回消息，比如 B 发送返回消息 f 给 A，通常发生在 A 给 B 发送完异步消息之后，此时一般意味着 A 调用操作 f 来处理 B 返回的异步结果。在 Rational Rose 中选择"Tools"菜单中的"Check Model"选项，会自动检查模型中消息和操作的映射情况，如果有误将会报错。图 6.12 是一个消息与操作映射的例子。

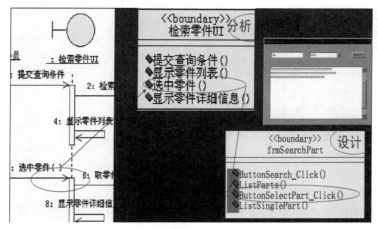

图 6.12 消息与操作映射的例子

（2）如何在顺序图中表示消息的条件发送？

答：表示消息的条件发送可以有以下几种方法。

① 简单分支的时候可用文字说明。

② 分支较复杂的时候可以分多张顺序图进行描述。

第①种方法如图 6.13 所示，用文字说明的方式表明对象根据不同条件发送不同消息，即在条件为"用户名不存在"时发送消息 1.4，在条件为"密码错误"时发送消息 1.5。

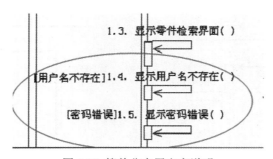

图 6.13 简单分支用文字说明

第②种方法如图 6.14 所示。有时候分支比较复杂，此时用多个顺序图来描述在不同的条件下发送不同的消息可能更好。如果在一个顺序图中表示过于复杂的条件逻辑，则会使整个图显得凌乱。

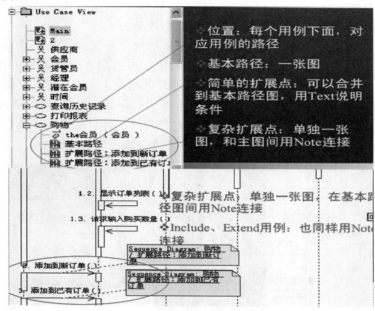

图 6.14 复杂分支用多张顺序图描述

（3）如何在顺序图中表示方法的递归？

答：可以利用嵌套的控制焦点表示方法的递归。方法的递归有两种形式，即单个方法的直接递归和多个方法间的间接递归。下面的例子分别说明了这两种情况。

图 6.15 所示是单个方法的直接递归。其中 oper()是类 C2 的对象方法，在其执行过程中，又调用了 oper()方法。

图 6.16 所示是多个方法间的间接递归。其中 oper1()是类 C2 的对象方法，oper2()是类 C3 的对象方法，在 oper1()的执行过程中将发送消息给 C3，C3 将执行 oper2()方法。而 oper2()方法在执行过程中，将发送消息给 C2，C2 收到消息后，将执行 oper1()方法。显然，如果未在 oper1()或 oper2()中提供中止条件，系统将会无休止地调用下去，直到耗尽计算机的资源为止。

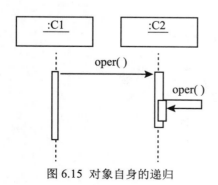

图 6.15 对象自身的递归

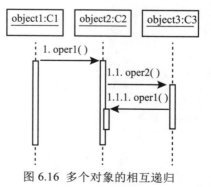

图 6.16 多个对象的相互递归

（4）顺序图中的对象如何确定？顺序图和类图是否同时生成并交互修改？

答：顺序图中对象的确定需要参考类图，类图中类的确定也要参考顺序图，二者是相互补充、相互协调的关系。在分析阶段，顺序图中的消息名可能只是一个说明，在设计阶段，顺序图中的消息名将被细化，最后顺序图中的消息会对应到类图中的方法。所以在 UML 建模的过程中，类图的分析设计和交互图的分析设计常常是交织在一起互相迭代的。

（5）（交互图中的多态问题）如果对象具有多态性，发送对象不可能事先知道目标对象属于哪个类，那么在交互图中如何确定目标对象所属的类？

答：多态性属于运行时问题。消息接收者的类应该是目标对象有可能所属的所有类的祖先类。例如，如果目标对象是 icon，要给 icon 发送消息 draw()，在系统运行时 icon 可能属于 Graph、Circle 或 Rectangle 类。这 3 个类间的关系如图 6.17 所示，其中 Graph 类是 Circle 类和 Rectangle 类的父类，那么目标对象的类名应该是 Graph。

（6）如何在交互图中表示广播消息？

答：可以用版型<<broadcast>>或约束{broadcast}来表示广播对象。发送对象把系统中的每一个对象都看作潜在的目标对象。图 6.18 中的消息 notice()即为广播消息。

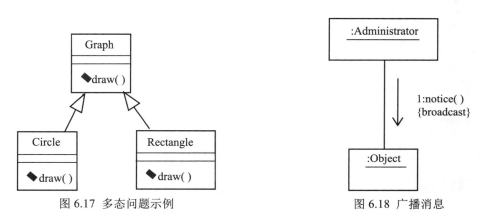

图 6.17 多态问题示例                图 6.18 广播消息

（7）如何在协作图中表示创建一个对象？

答：可以用类似图 6.19 中的发送 create 消息来表示创建对象。当然，如果是从消息本身的含义去理解，会很难理解，为什么会向一个还不存在的对象发送消息？事实上，由于不同的语言创建对象的方式并不统一，所以 UML 考虑到这种情况，就采用如图 6.19 所示的这种形式来表示对象的创建。

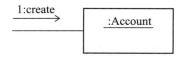

图 6.19 创建对象消息

# 6.7 建模实例

第 5 章中演示了如何创建模型中的类图，在对类和对象进行初步的分析设计之后，接下来应该分析如何通过这些对象的交互来实现各个用例，也就是创建模型中的交互图。交互图本质上是一个在对象间分配责任的工作，即每个对象该在用例的实现中承担什么样的责任，对应的其实就是类中的操作。

以选课用例为例，创建顺序图的具体步骤如下。

（1）用鼠标右键单击"Use Case View"，在弹出的快捷菜单中选择"New"命令，再在下一级菜单中选择"Sequence Diagram"命令，则 Use Case View 下会显示一个新创建的顺序图，默认名为"New Diagram"，如图 6.20 所示，将该顺序图重命名为"Select Course"。

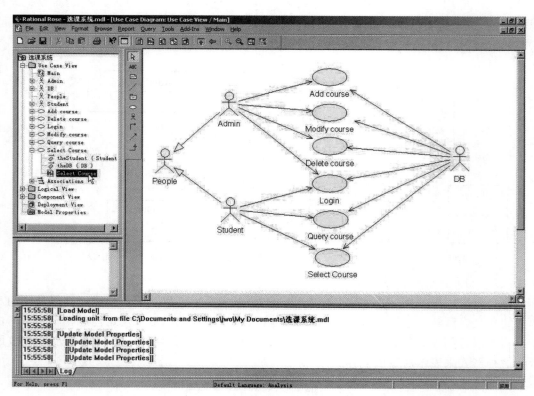

图 6.20 创建并重命名顺序图

（2）选择顺序图时，工具栏会变成如图 6.21 所示的形式。

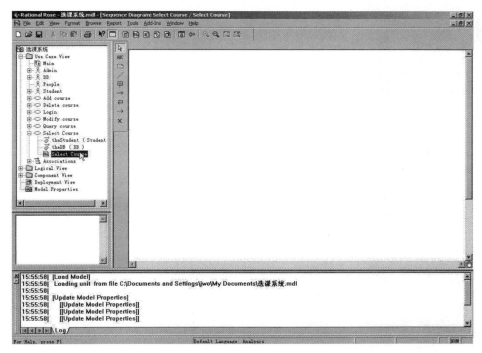

图 6.21 选择顺序图

（3）在浏览器中选择参与者 Student，将其从浏览器拖放到顺序图中，如图 6.22 所示，窗口中显示参与者 Student 和泳道 Student，参与者 Student 下有虚线条。

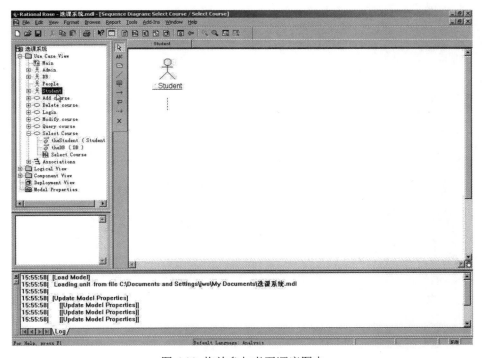

图 6.22 拖放参与者至顺序图中

（4）单击"Create a Object"工具栏按钮，此时光标变成十字形状，将光标移到图窗口中单击鼠标左键，即可在顺序图窗口中添加一个无名对象，窗口的顶部出现一个无名泳道，如图 6.23 所示。

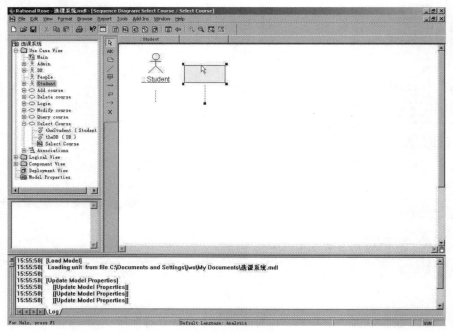

图 6.23　添加新的对象和泳道

（5）如图 6.24 所示，将此对象命名为"form"。

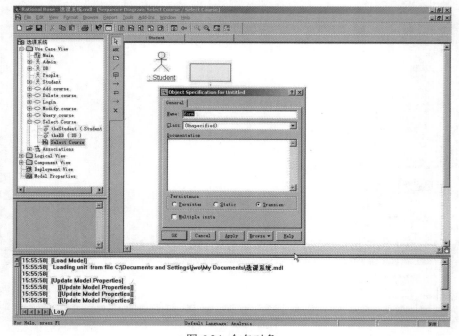

图 6.24　命名对象

（6）选择对象类并输入对象名称后，单击"OK"按钮。顺序图窗口中会显示已经命名的标有类的对象。

（7）用同样的方法在顺序图中添加对象 course 和 control，添加参与者 DB。添加后的结果如图 6.25 所示。

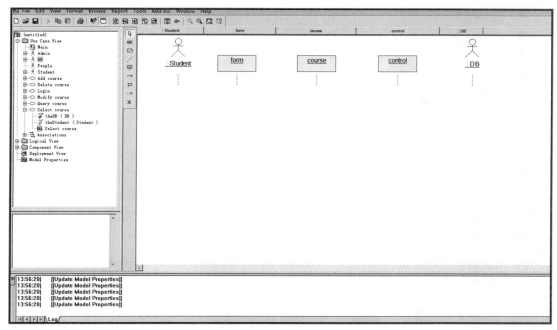

图 6.25 添加其他对象和参与者

（8）将学生参与者和数据库参与者的名称分别修改为 stu 和 db，如图 6.26 所示。

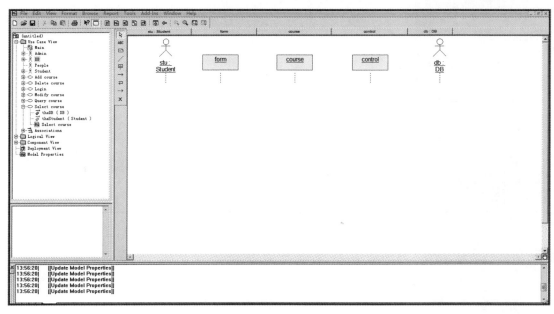

图 6.26 重命名学生和数据库参与者

（9）接下来在顺序图中增加消息，对象之间的交互如下：

● 学生通过界面发送选课命令。

● 界面向控制对象请求课程信息。

● 控制对象向数据库发送查询数据消息。

● 控制对象根据数据库的查询结果产生课程对象。

● 界面对象从控制对象中取得所有的课程信息。

● 在界面上显示所有的课程信息。

● 学生在界面上选择课程。

● 界面对象向控制对象发送信息，查询该生是否可以选择选定的课程。

● 控制对象从数据库中查询关联信息。

● 控制对象判断是否可以选课。

● 如果可以选课，则在数据库中添加关联信息，并让界面显示选课成功。

● 如果不能选课，则让界面显示选课失败。

（10）选择工具栏中的"Object Message"图标，在顺序图中将光标从 stu 指向 form，释放鼠标左键，则 stu 和 form 之间添加了一个消息，序号为"1"，在其后添加消息名称"onSelect()"，如图 6.27 和图 6.28 所示。

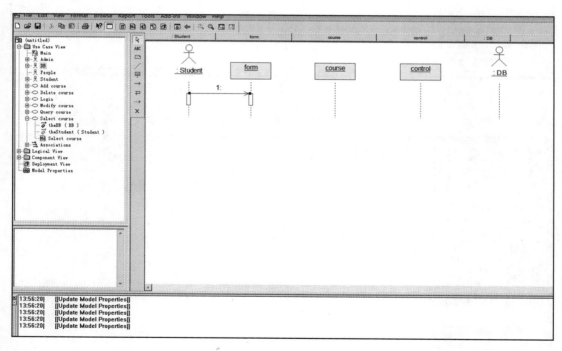

图 6.27　在 stu 和 form 之间添加消息

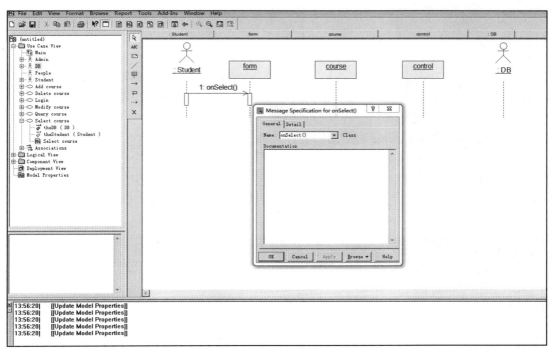

图 6.28 命名消息

（11）重复以上过程，完成整个顺序图，如图 6.29 所示。

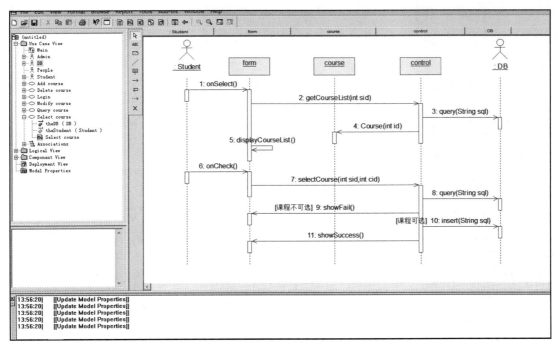

图 6.29 顺序图最终效果

下面介绍从顺序图中删除对象的方法。用鼠标在顺序图窗口中选择要删除的对象，在"Edit"菜单中选择"Delete from Model"命令，则所选择的对象被删除（组合键 CTRL+D）。

注意，使用"Delete from Model"命令删除和直接按 Delete 键删除的区别在于，直接按 Delete 键仅只是从图中删除该元素，而不是从模型中将其删除，所以该元素仍然能在左上的树状导航区中找到。

接下来介绍 Selete Course 协作图的创建，具体步骤如下。

（1）在浏览器的"Use Case View"中的用例"Select Course"上单击鼠标右键，在弹出的快捷菜单中选择"New"命令，然后再在下一级菜单中选择"Collaboration Diagram"命令，创建一个新的协作图，将协作图重命名为"Select Course"，如图 6.30 所示。

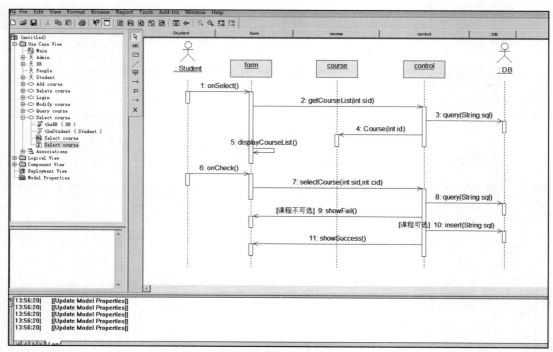

图 6.30 创建并重命名协作图

（2）选择协作图 Select Course，协作图窗口工具栏如图 6.31 所示。

（3）Select Course 协作图涉及以下对象：学生、界面、控制对象、数据库对象、课程对象。在 Use View 中选择 Student 参与者，将其拖放到协作图窗口；再选择"Object"工具栏图标，如图 6.32 所示，在协作图窗口中单击鼠标左键，添加一个对象。

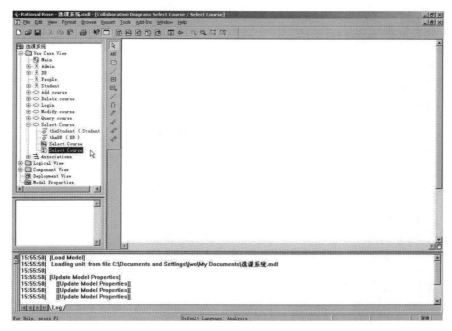

图 6.31 协作图窗口工具栏

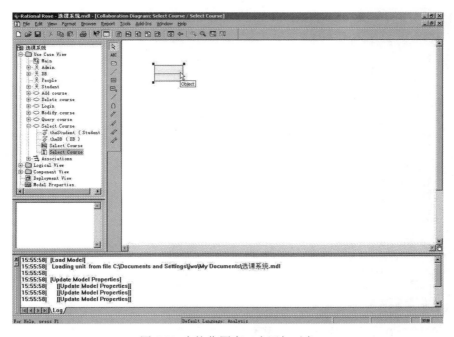

图 6.32 在协作图窗口中添加对象

（4）选择对象并单击鼠标右键，在弹出的快捷菜单中选择"Open Specification"命令，然后在弹出的"Object Specification for Untitled"对话框中设置对象的属性，如图 6.33 所示。

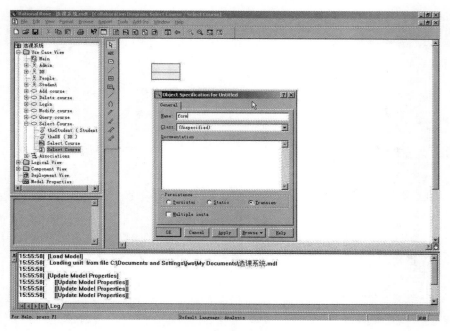

图 6.33 设置对象属性

（5）用同样的方法添加对象"control""course"和"DB"，结果如图 6.34 所示。

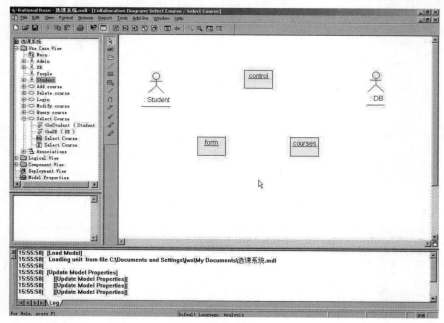

图 6.34 添加新对象

（6）选择"Object Link"工具栏图标，将光标移到协作图窗口，由 stu 指向 form，建立 stu 到 form 的连接，结果如图 6.35 所示。

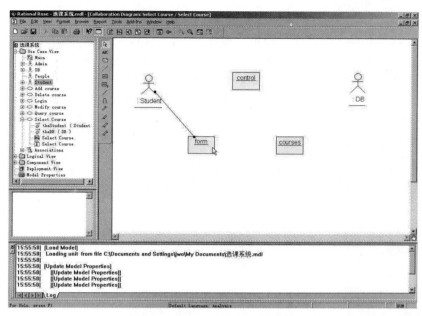

图 6.35 建立 stu 到 form 的连接

（7）选择工具栏中的"Link Message"图标，单击刚才添加的连接，即可添加一条消息。

（8）从步骤（6）中得知学生发送到界面的第一条消息是"学生通过界面发送选课命令"，记作"SelectCommand"，下面将其设置到消息上去。在协作图窗口上选择"1："，单击鼠标右键，在弹出的快捷菜单中选择"Open Specification"命令，在弹出的对话框中输入消息的名字，单击"OK"按钮，得到如图 6.36 所示的形式。

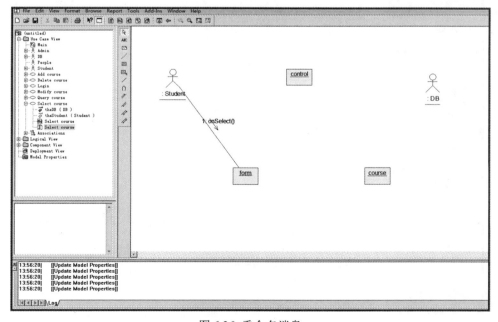

图 6.36 重命名消息

（9）采用以上方法添加对象、连接和消息，并设置消息属性，最终得到如图 6.37 所示的协作图（注意：顺序图和协作图可以通过 F5 键进行转换）。

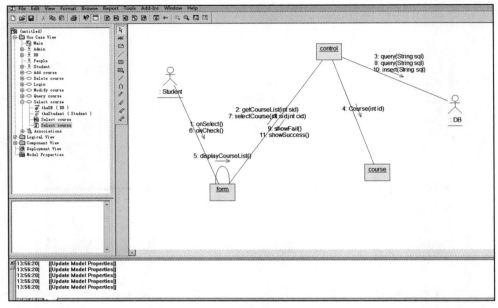

图 6.37 协作图的最终效果

（10）最后，无论是顺序图还是协作图，随着类分析和设计的不断深入，最终应该是每个对象都有一个指定的类，并且保证每个消息都有一个对应的操作，如图 6.38 所示。

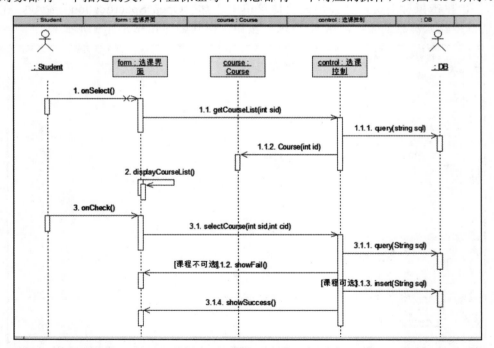

图 6.38 交互图的最终效果

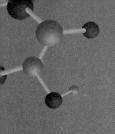

# 第 **7** 章
## 数据建模

## 7.1 数据建模概述

目前，数据库设计比较常用的一个方法是采用 E-R（Entity-Relationship）图。E-R 图是指以实体、关系、属性 3 个基本概念概括数据的基本结构，从而描述静态数据结构的概念模式。但采用 E-R 图进行设计的一个问题是只能着眼于数据，而不能对行为建模，如不能对数据库中的触发器（trigger）、存储过程（stored procedure）等建模。与 E-R 图相比，UML 类图的描述能力更强，UML 的类图可以看作是对 E-R 图的扩充。对于关系型数据库来说，可以用类图描述数据库模式（database schema），以及描述数据库表，用类的操作来描述触发器和存储过程。UML 类图用于数据建模可以看作类图的一个具体应用的例子。

## 7.2 数据库设计的基本过程

数据库设计主要涉及 3 个阶段，即概念设计、逻辑设计和物理设计。图 7.1 是数据库设计流程示意图。

概念设计阶段把用户的信息要求统一到一个整体逻辑结构中，此结构能表达用户的要求，且独立于任何数据库管理系统（DBMS）软件和硬件。

逻辑结构设计阶段的任务就是把概念设计阶段得到的结果转换为与选用的 DBMS 所支持的数据模型相符的逻辑结构。对于关系型数据库而言，逻辑设计的结果是一组关系模式的定义，它是 DBMS 能接受的数据库定义。

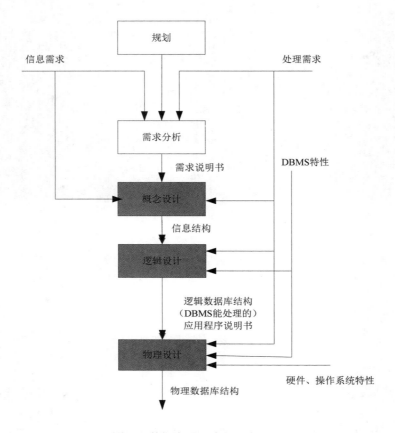

图 7.1  数据库设计流程示意图

物理设计阶段的任务是对给定的逻辑数据模型选取一个最符合应用要求的物理结构。数据库物理结构包括数据库的存储记录格式、存储记录安排、存取方法等，数据库的物理设计是完全依赖于给定的硬件环境和数据库产品的。

在进行数据库设计时有几个关键的概念，如模式、主键、外键、域、关系、约束、索引、触发器、存储过程、视图等。从某种意义上说，用 UML 进行数据建模就是要考虑如何用 UML 中的建模元素来表示这些概念，同时考虑如何满足引用完整性、范式等要求。一般对于数据库中的这些概念，在 UML 中大多用版型来表示，在数据建模中常用的版型如表 7.1 所示。

表 7.1  数据建模中常用的版型

| 数据库中的概念 | 版  型 | 所应用的 UML 元素 |
|---|---|---|
| 数据库 | <<database>> | 构件 |
| 模式 | <<Schema>> | 包 |
| 表 | <<Table>> | 类 |
| 视图 | <<View>> | 类 |
| 域 | <<Domain>> | 类 |
| 索引 | <<Index>> | 操作 |

（续表）

| 数据库中的概念 | 版　型 | 所应用的 UML 元素 |
|---|---|---|
| 主键 | <<PK>> | 操作 |
| 外键 | <<FK>> | 操作 |
| 唯一性约束 | <<Unique>> | 操作 |
| 检查约束 | <<Check>> | 操作 |
| 触发器 | <<Trigger>> | 操作 |
| 存储过程 | <<SP>> | 操作 |
| 表与表之间非确定性关系 | <<Non-Identifying>> | 关联，聚集 |
| 表与表之间确定性关系 | <<Identifying>> | 组合 |

# 7.3 数据库设计步骤

下面结合 Rational Rose 工具提供的功能来说明如何用 UML 的类图进行数据库设计，在 Rational Rose 中数据库设计步骤如下：

（1）创建数据库对象。这里所说的数据库对象是指 Rational Rose 构件图中的一个构件，其版型为 database。

（2）创建模式。对于关系型数据库来说，模式可以理解为所有表及表与表之间关系的集合。

（3）创建包和域。域可以理解成某一特定的数据类型，它起的作用和 VARCHAR2、NUMBER 等数据类型类似，但域是用户定义的数据类型。

（4）创建数据模型图。表、视图等可以放在数据库模型图中，类似于类放在类图中一样。

（5）创建表。如果有必要，也可以创建视图，视图是类<<View>>版型。

（6）创建列。在表中创建每一列，包括列名、列的属性等。

（7）创建关系。如果表与表之间存在关系，则创建它们之间的关系。

（8）在必要的情况下对数据模型进行规范化，如从第二范式转变为第三范式。

（9）在必要的情况下对数据模型进行优化。

（10）实现数据模型。在 Rational Rose 中，可以直接根据数据模型生成具体数据库（如 SQL Sever、Oracle 等）中的表、触发器、存储过程等，也可以根据数据模型先生成 SQL 语句，以后再执行这些 SQL 语句，从而得到具体数据库中的表、触发器、存储过程等。

在 Rational Rose 中用于数据建模的菜单都在 "Data Modeler" 下。在 Rational Rose 的浏览器窗口中用鼠标右键单击选中的对象，在弹出的快捷菜单中选择 "Data Modeler" 命令，如图 7.2 所示，其中灰色的选项表示当前不可用。

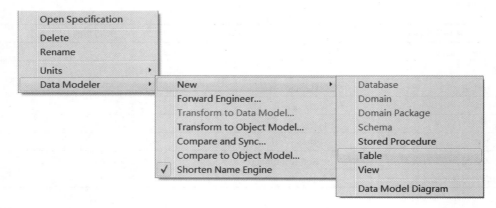

图 7.2 Rational Rose 中用于数据建模的菜单

具体操作步骤如下：

（1）在构件视图中创建数据库对象。创建数据库对象时默认的目标数据库为 ANSI SQL92，也可设为其他数据库，如 SQL Server 2000、Oracle 9.x、IBM DB2 等。图 7.3 中创建的数据库对象名"Name"为"DB_0"，目标数据库"Target"设为"Oracle 9.x"。

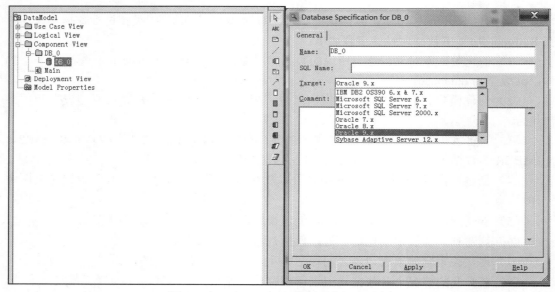

图 7.3 在 Rational Rose 中创建数据库对象

（2）在逻辑视图中创建模式，并选定目标数据库。图 7.4 中创建的模式名"Name"为"S_0"，选定的目标数据库"Datebase"是第（1）步中创建的数据库对象"DB_0"。

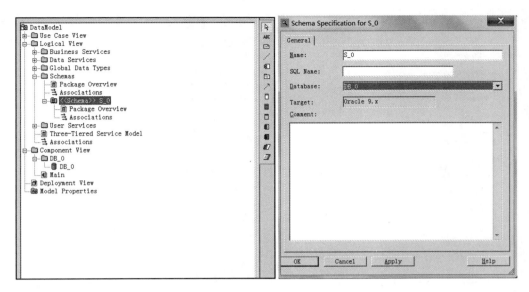

图 7.4 在 Rational Rose 中创建模式

（3a）在逻辑视图中创建包和域。首先创建包，图 7.5 中创建的包名"Name"为"DP_0"，设定的"DBMS"是"Oracle"，也就是说，在这个包下定义的域是针对 Oracle 数据库的。

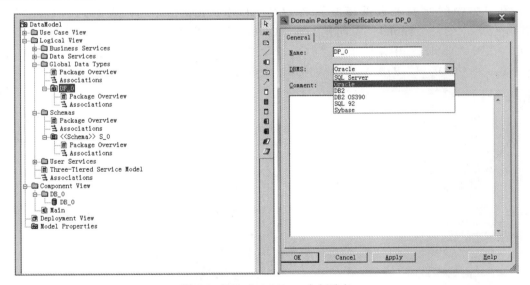

图 7.5 在 Rational Rose 中创建包

（3b）然后创建域。域可看作定制的数据类型，可以为每个域加检查语句。图 7.6 中创建的域名"Name"为"DOM_0"，数据类型"Datetype"为"NVARCHAR2"，长度"Length"为"10"，有唯一性约束和非空约束（勾选"Unique Constraint"和"Not Null"复选框）。创建了域"DOM_0"后，再定义表的列时，就可以把该列的类型定义为"DOM_0"。

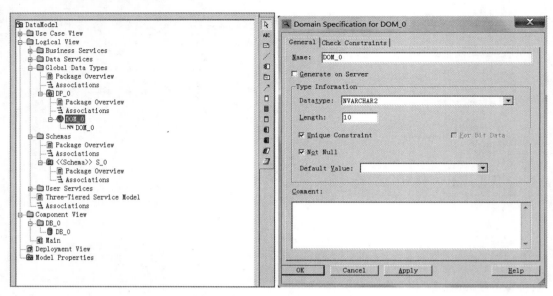

图 7.6 在 Rational Rose 中创建域

（4）创建数据模型图。

（5）创建表。在数据模型图中创建表。

（6）创建列。在表上建立列。

图 7.7 中创建的表数据模型图名为"DataModelDiagram"，表名为"Tablel"和"Table2"。在表"Tablel"中创建了列"COL_0"和"COL_1"，其中列"COL_0"为主键，在表"Table2"中创建了列"COL_2""COL_3""COL_4"，其中列"COL_2"为主键，列"COL_4"的类型为步骤（3b）中创建的域"DOM_0"。

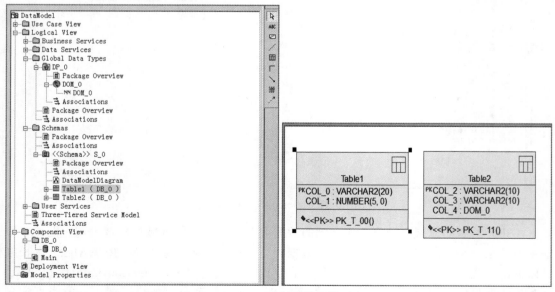

图 7.7 在 Rational Rose 中创建数据模型图、表和列

（7）创建表与表之间的关系。表与表之间存在两种关系，即非确定性关系和确定性关系。非确定性关系表示子表不依赖于父表，可以离开父表单独存在。非确定性关系用关联关系的<<Non-Identifying>>版型表示，确定性关系用组合关系的<<Identifying>>版型表示。

（8）创建了数据模型后，还要将模型规范化，如转换为3NF。

（9）优化数据模型，如创建索引、视图、存储过程、非规范化、使用域等，索引可以用操作的<<Index>>版型表示，视图是类的<<View>>版型，存储过程是操作的<<SP>>版型。由于存储过程不是单独作用于表，而是与特定的数据库联系在一起的，具有全局性，所以把所有的存储过程放在效用（utility）中（效用是类的版型，用于表示全局性的变量或操作），如图 7.8 所示。触发器作为操作的<<Trigger>>版型，由于触发器一定是和具体的表相关的，所以建模时触发器是作为某个表的操作部分的版型表示的，如图 7.9 所示。

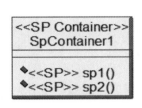
图 7.8 存储过程

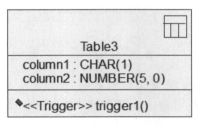
图 7.9 触发器

（10）实现数据模型，也就是利用 Rational Rose 产生数据定义语言（DDL）或直接在数据库中创建表。

下面对第（7）步中涉及的表与表之间的非确定性关系和确定性关系进行说明。在这两种关系中，子表中都增加外键以支持关系。对非确定性关系，外键并不成为子表中主键的一部分；对确定性关系，外键成为子表中主键的一部分。

当非确定性关系的父表一端的多重性为"1"或"1..n"时，称作强制的（mandatory）非确定性关系。

当非确定性关系的父表一端的多重性为"0..1"或"0..n"时，称作可选的（optional）非确定性关系。

图 7.10～图 7.12 所示是表与表之间的各种关系的例子。

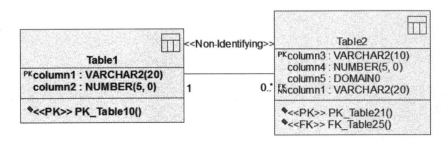
图 7.10 两表之间强制的非确定性关系

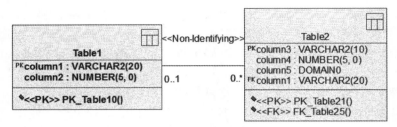

图 7.11 两表之间可选的非确定性关系

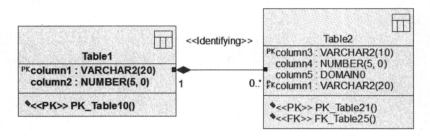

图 7.12 两表之间的确定性关系

为了更好地理解表与表之间的这几种关系的区别，下面列出对应于图 7.10～图 7.12 的 SQL 语句，这些 SQL 语句是在 Rational Rose 中自动生成的。通过比较代码之间的区别可以帮助理解这几种关系，其中 SQL 语句中不同的地方已用粗体字表示。

图 7.10 中强制性的非确定性关系生成的 SQL 语句如下：

```
CREATE TABLE Table1 (
    column1 VARCHAK2 ( 20 ) NOT NULL,
    column2 NUMBER ( 5 ),
    CONSTRAINT PK_Table10 PRIMARY KEY (column1)
    );
CREATE TABLE Table2 (
    column3 VARCHAR2 ( 10 ) NOT NULL,
    column4 VARCHAR2 ( 20 ),
    column5 VARCHAR2 ( 10 ) UNIQUE,
    column1 VARCHAR2 ( 20 ) NOT NULL,
    CONSTRAINT PK_Table21 PRIMARY KEY (column3)
    );
ALTER TABLE Table2 ADD (CONSTRAINT FK_Table25
    FOREIGN KEY (column1) REFERENCES Table1 (column1));
```

图 7.11 中可选的非确定性关系生成的 SQL 语句如下：

```
CREATE TABLE Table1 (
    column1 VARCHAK2 ( 20 ) NOT NULL,
    column2 NUMBER ( 5 ),
    CONSTRAINT PK_Table10 PRIMARY KEY (column1)
    );
```

```
CREATE TABLE Table2 (
    column3 VARCHAR2 ( 10 ) NOT NULL,
    column4 VARCHAR2 ( 20 ),
        column5 VARCHAR2 ( 10 ) UNIQUE,
    columnl VARCHAR2 ( 20 ),
    CONSTRAINT PK_Table21 PRIMARY KEY (column3)
    );
ALTER TABLE Table2 ADD (CONSTRAINT FK_Table25
    FOREIGN KEY (column1) REFERENCES Table1 (column1));
```

图 7.12 中确定性关系生成的 SQL 语句如下所示：

```
CREATE TABLE Tablel (
    columnl VARCHAK2 ( 20 ) NOT NULL,
    column2 NUMBER ( 5 ),
    CONSTRAINT PK_Table10 PRIMARY KEY (column1)
    );
CREATE TABLE Table2 (
    column3 VARCHAR2 ( 10 ) NOT NULL,
    column4 VARCHAR2 ( 20 ),
    column5 VARCHAR2 ( 10 ) UNIQUE,
    columnl VARCHAR2 ( 20 ) NOT NULL,
    CONSTRAINT PK_Table21 PRIMARY KEY (column1, column3)
    );
ALTER TABLE Table2 ADD (CONSTRAINT FK_Table25
    FOREIGN KEY (column1) REFERENCES Table1 (column1));
```

## 7.4 对象模型和数据模型间的转换

在 Rational Rose 中，对象模型（类图）和数据模型可以相互转换，这种转换不是 UML 规范说明中要求的，是 Rational Rose 提供的一个功能，在转换过程中会用到包这种结构。

### 7.4.1 对象模型转换为数据模型

所谓对象模型转换为数据模型，简单来说，就是把类转换为表，把类与类之间的关系转换为表与表之间的关系，或者也转换为表。在 Rational Rose 中可以把逻辑视图下的包直接转换为数据模型，但这种转换必须是对包进行的。也就是说，要转换的类要放在某个包中，然后把整个包中所有的类全部转换过去。具体步骤如下：

（1）首先按照 7.3 节中介绍的步骤在 Rational Rose 的构件视图下创建数据库对象。

（2）在逻辑视图下创建包，如 Demo 包，并在包中创建类，如类 Flight 和类

FlightAttendant，在类 Flight 和类 FlightAttendant 之间建立多对多的联系，如图 7.13 所示。需要注意的是，类 Flight 和类 FlightAttendant 必须要设置为 Presistent（表示该类具有持久性，该属性可以在类的"Specification"对话框的"Detail"标签下设置），对于非 Persistent 的类（创建类时，默认是非 Persistent 的），在转换时不会生成对应的表。

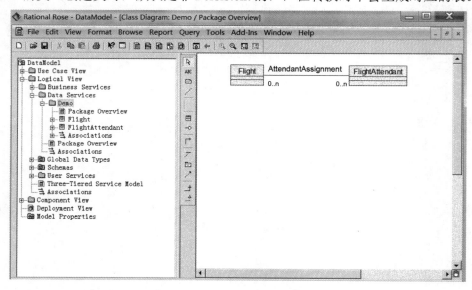

图 7.13  类 Flight 与类 FlightAttendant 及其关联

在这个例子中，类与类之间是多对多的关联，也可以是其他关系，如一对多关联、泛化关系等，同样可以转换过去。

（3）用鼠标右键单击包"Demo"，在弹出的快捷菜单中选择"Data Modeler→Transform to Data Model…"命令，结果如图 7.14 所示。

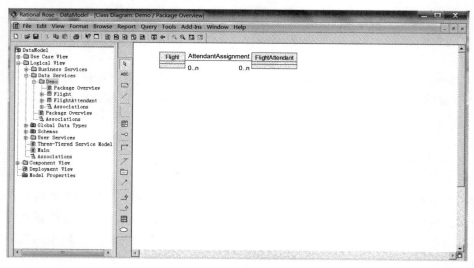

图 7.14  把对象模型转换为数据模型菜单

这时会弹出如图 7.15 所示的对话框,可以在这个对话框中对要生成的数据模型进行设置,如要生成的模式的名字、目标数据库、所生成的表名前缀等,也可以选择是否要对外键生成索引,这里把目标数据库"Target Database"设为在前面创建的数据库对象"DB_0",其他选项采用默认值,然后单击"OK"按钮即可。

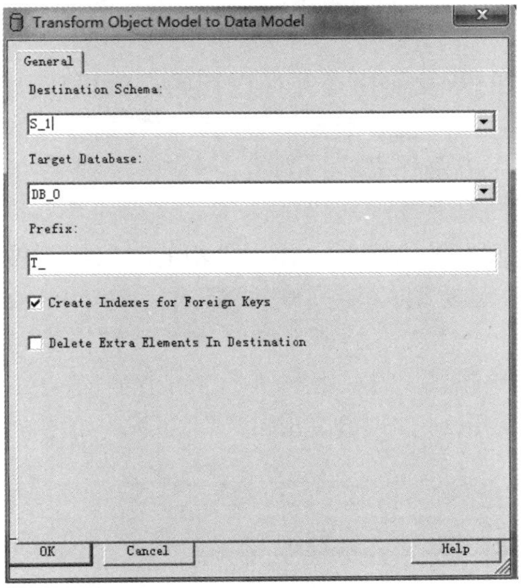

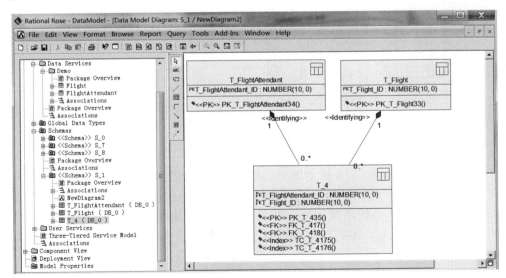

图 7.15 数据模型设置对话框

这时在逻辑视图的 Schemas 包下会创建"S_1"模式(实际上也是一个包),在 S_1模式中有表"T_Flight""T_FlightAttendant""T_4"。为了显示表与表之间的关系,还需要按 7.3 节中介绍的步骤自己手动创建一个数据模型图,如 NewDiagram2。然后把这 3个表拖入到数据模型图中,表与表之间的关系就会自动显示出来,如图 7.16 所示。

图 7.16 生成的数据模型

需要特别说明的是，把对象模型转换为数据模型，其结果并不是唯一的，Rational Rose 中生成的对象模型只是其中的一种，如果用户觉得有必要，也可以自己根据对象模型创建数据模型，可以得到不一样的结果。

## 7.4.2 数据模型转换为对象模型

对象模型和数据模型的开发往往是并行进行的，所以在建模过程中不只是有对象模型向数据模型转换的需要，同样也有数据模型向对象模型转换的需要。所谓数据模型向对象模型的转换，简单来说，就是把表转换为类，把表与表之间的关系转换为类与类之间的关系。下面给出数据模型向对象模型转换的例子，这里的数据模型以 7.4.1 节中得到的数据模型为例，然后把它转换为对象模型，并与最初的对象模型做比较。转换步骤如下：

（1）数据模型向对象模型的转换是对模式（包的<<Schema>>版型）进行的。Rational Rose 2007 会把一个模式中的所有表及其关系转换为对象模型，而不会对单个的表进行转换。用鼠标右键单击图 7.16 中的"<<Schema>>S_1"，在弹出的快捷菜单中选择"Data Modeler→Transform to Object Model…"命令，如图 7.17 所示。

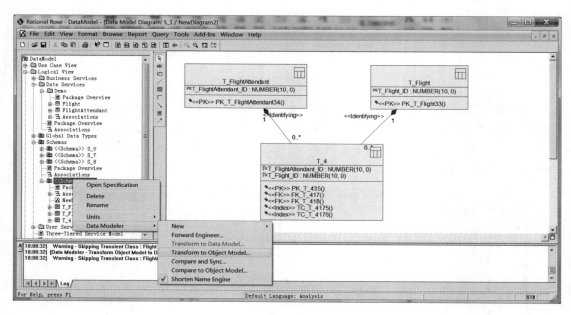

图 7.17 把数据模型转换为对象模型菜单

（2）这时会弹出如图 7.18 所示的对话框。可以在这个对话框中对要生成的对象模型进行设置，如要生成的包的名字、所生成的类名前缀等，也可以选择是否根据表的主键生成类中对应的属性。这里使用默认值，即包名"Destination Package"为"OM_S_1"，类名的前缀"Prefix"为"OM_"，不选择生成对应主键的属性，然后单击"OK"按钮即可。

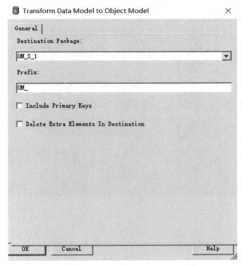

图 7.18 对象模型设置对话框

（3）这时在逻辑视图下会创建包"OM_S_1"，包中有 OM_T_Flight 类和 OM_T_FlightAttendant 类，为了显示类与类之间的关系，还需要创建一个类图，如 NewDiagram3。然后把这两个类拖放到类图中，类与类之间的关系就会自动显示出来，如图 7.19 所示。

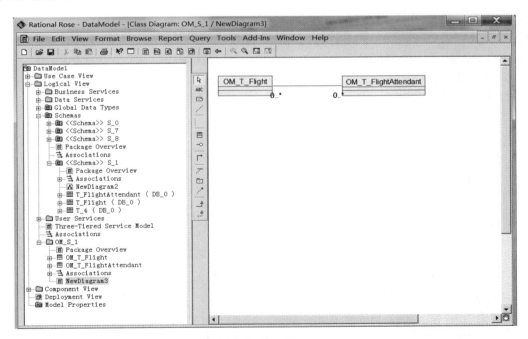

图 7.19 生成的对象模型

我们发现，除了类名带前缀、类之间的关联没有名字以外（其实可以在转换时设置不要类名前缀），图 7.19 中的类图和最初的图 7.13 中的类图几乎一样。

# 第 8 章
## 构件图和双向工程

## 8.1 什么是构件和构件图

构件是系统中遵从一组接口且提供其实现的物理的、可替换的部分。构件图则显示一组构件及它们之间的相互关系，包括编译、链接或执行时构件之间的依赖关系。构件图是对 OO 系统物理方面建模的两个图之一（另一个图是部署图）。

图 8.1 是一个构件图的例子，表示.html 文件、.exe 文件、.dll 文件这些构件之间的相互依赖关系。

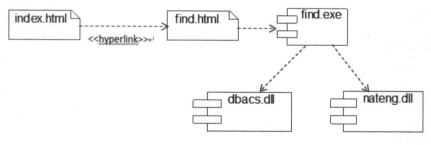

图 8.1 构件图

构件就是一个实际文件，它可以有以下几种类型：

● 构件部署（deployment component），如.dll 文件、.exe 文件、COM+对象、CORBA 对象、EJB、动态 Web 页、数据库表等。
● 工作产品构件（work product component），如源代码文件、数据文件等，这些构件可以用来产生部署构件。
● 执行构件（execution component），也就是系统执行后得到的构件。

构件图中的构件和类图中的类很容易混淆，它们之间的不同点有以下几个：

● 类是逻辑抽象，构件是物理抽象，即构件位于节点上。

● 构件是对其逻辑元素，如类、协作的物理实现。

● 类可以有属性和操作，构件通常只有操作，而且这些操作只有通过构件的接口才能使用。

## 8.2 构件图的作用

构件图可以对以下几个方面建模：

（1）对源代码文件之间的相互关系建模，如图 8.2 所示。

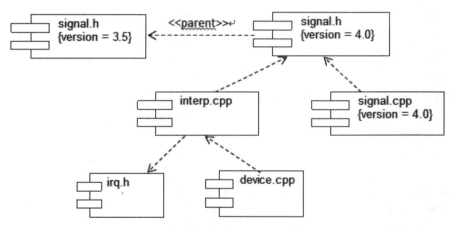

图 8.2 构件图用于对源代码建模

（2）对可执行文件之间的相互关系建模。图 8.3 所示是某可运行系统的部分文件之间的相互关系。

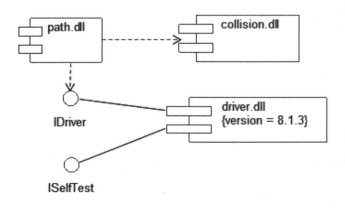

图 8.3 构件图用于对可运行系统建模

在图 8.3 中，IDriver 是接口，构件 path.dll 和接口 IDriver 之间是依赖关系，而构件 driver.dll 和接口 IDriver 之间是实现关系。

# 8.3 构件图的工具支持

对构件图的工具支持一般包括两个方面的内容：正向工程和逆向工程。下面结合具体的例子进行说明。

## 1. 正向工程

正向工程就是根据模型来产生源代码，当然得到源代码后再调用相应的编译器即可得到可执行代码。

以 Java 语言为例，一般在 Rational Rose 中可以直接根据类图来生成代码。这样一来，一个类会生成一个文件，那么类图中有多少个类就会生成多少个.java 文件。在 Java 中，有时候会遇到要求在一个文件中包含多个类（其中只有一个类的可见性是 public）的情况，这时就需要利用构件图了。下面的操作步骤说明了如何利用 Rational Rose 生成 A.java 文件，该文件中包含了两个类的定义，即类 A 和类 B 的定义。

（1）把建模语言设为 Java 语言（在"Tools→Options→Notation"中设置）。

（2）在类图中创建类 A 和类 B，并把 A 设为 public 类型的类，把 B 设为 private 类型的类。为了简便，类 A 和类 B 中不包含属性和方法，如图 8.4 所示。

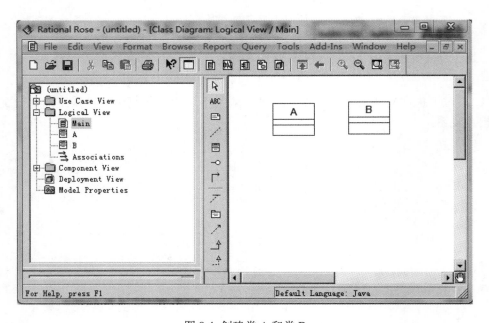

图 8.4 创建类 A 和类 B

（3）在构件图中添加一个构件 A。由于 Java 中规定 public 类的名字必须和所在的文件名一致，因此构件名也取为 A，如图 8.5 所示。

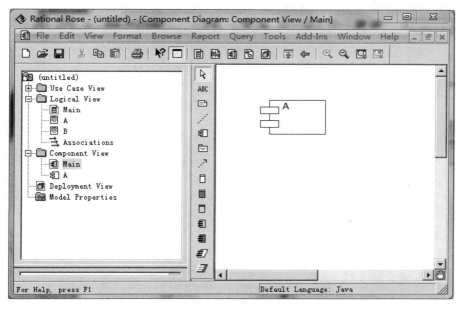

图 8.5 添加构件 A

（4）在构件图中用鼠标右键单击构件 A，在弹出的快捷菜单中选择"Open Standard Specification…"命令，如图 8.6 所示。

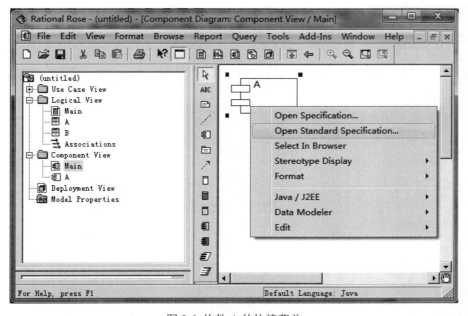

图 8.6 构件 A 的快捷菜单

（5）这时弹出"Component Specification for A"对话框，在这个对话框中转到"Realizes"选项卡，可以看到"Class Name"项下有类 A、类 B 两项。用鼠标右键单击类 A 和类 B，在弹出的快捷菜单中选择"Assign"命令，如图 8.7 所示。

图 8.7　构件 A 实现了类 A 和类 B

（6）在构件图中用鼠标右键单击构件 A，在弹出的快捷菜单中选择"Java / J2EE"→"Generate Code"命令，如图 8.8 所示。

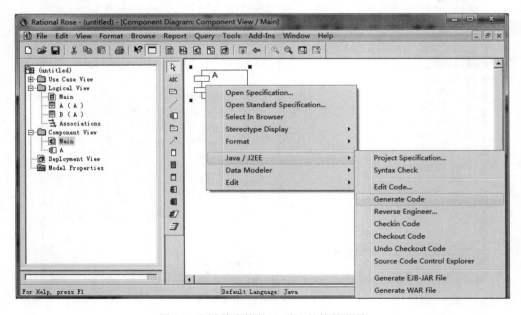

图 8.8　右键单击构件 A 弹出的快捷菜单

（7）这时会弹出如图 8.9 所示的对话框，这里选择"F:\code"，然后单击"Assign"按钮，再单击"OK"按钮即可，Rational Rose 将在指定的目录下生成 A.java 文件。如果"CLASSPATH Entries"下的 CLASSPATH 项无可作为代码存放目录，可以通过单击"Edit..."按钮来创建一个新的 CLASSPATH 值（图 8.9 中的 F:\code 这个 CLASSPATH 项也是通过"Edit..."按钮创建的）。

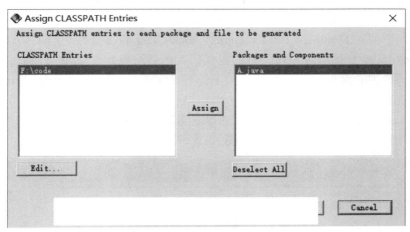

图 8.9 指定生成代码的所在目录

下面是生成的 A.java 文件的代码（为了节省篇幅，已删掉所生成代码中的空行），该文件中共有两个类。可以在 Rational Rose 中做一些代码生成选项的设置，以生成不同形式的代码，如可以设置为不要生成构造方法。

```java
//Source file: F:\code\A.java
public class A
{
   /**
   @roseuid 597073FB02A7
    */
   public A()
   {
   }
}
private class B
{
   /**
   @roseuid 597073FB0293
    */
   public B()
   {
   }
}
```

**2. 逆向工程**

Rational Rose 支持 Java、C++等多种语言的逆向工程。对于 Java 来说，Rational Rose 可以根据 Java 的源代码或.class 文件逆向得到类图和构件图。下面以 JDK1.4.2 中附带的一个 Java 小应用程序（applet）为例来说明如何在 Rational Rose 中进行逆向工程。

JDK1.4.2 可以从 Sun 公司的 Java 站点"http://java.sun.com"中下载，安装时假设安装在"D:\jdk1.4.2"目录下，在"D:\jdk1.4.2\demo"目录下有 JDK 附带的一些可以运行的演示程序，下面对 D:\jdk1.4.2\dmeo\applet\Clock\Clock.java 进行逆向工程。

这是一个 Java 应用程序，该文件的源代码（包括注释）有 200 多行，可以用一般的编辑器打开该文件查看源代码。在该目录下还有 HTML 文件"example1.html"，可以双击此文件，查看运行结果。

在 Rational Rose 中要对 Clock.java 进行逆向工程，可选择"Tools"→"Java/J2EE"→"Reverse Engineer…"命令，弹出如图 8.10 所示的对话框。

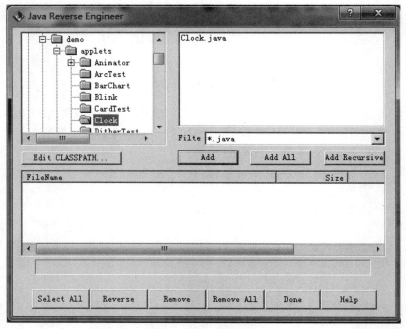

图 8.10 "Java Reverse Engineer"对话框

该对话框左上角的窗口中列出了所有 CLASSPATH 值目录。由于事先创建了一个 CLASSPATH 值"D:\jdk1.4.2"，所以可以直接在左上角窗口中寻找 Clock.java 文件所在的目录，查询结果会在右上角的窗口中显示出来（如果还没有建立 CLASSPATH 值，则需单击"Edit CLASSPATH…"按钮进行创建）。

找到 Clock.java 文件后，单击"Add"按钮，这时 Clock.java 文件会被放在最下面的窗口中。此例中只有一个文件，如果有多个文件，可以逐个加入，也可以单击"Add All"按钮一次加入全部文件。然后单击最下面一排按钮中的"Select All"按钮，再单击"Reverse"按钮，Rational Rose 就开始进行逆向工程，如图 8.11 所示。

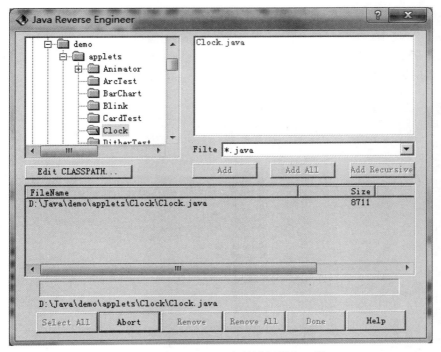

图 8.11 对 Clock.java 文件进行逆向工程

最后在 Rational Rose 中会得到一些构件和类。如果要显示各个构件之间的关系，可以把构件拖放到构件图中，得到如图 8.12 所示的构件图。

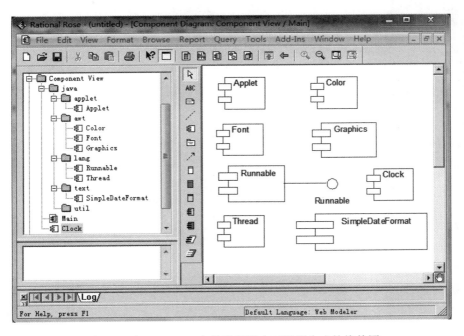

图 8.12 对 Clock.java 文件进行逆向工程所生成的构件图

同样地，可以把类拖放到类图中，Rational Rose 会自动显示类与类之间的相互关系，最后得到的类图如图 8.13 所示。

以上是在 Rational Rose 中对 Java 源代码的逆向工程。Rational Rose 也支持对其他程序设计语言的逆向工程，这里不再细述。

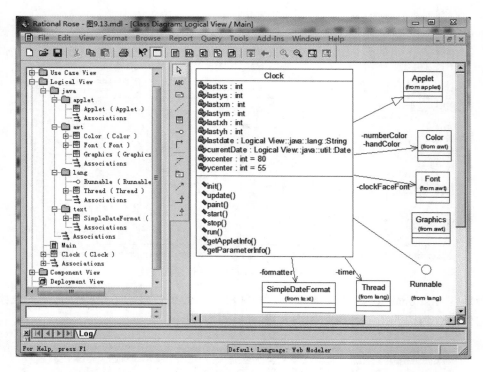

图 8.13  对 Clock.java 文件进行逆向工程所生成的类图

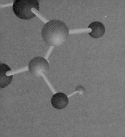

# 第**9**章
## 部 署 图

## 9.1 什么是部署图

部署图也称配置图、实施图，是对 OO 系统物理方面建模的两个图之一（另一个是第 8 章中介绍的构件图），它可以用来显示系统中计算节点的拓扑结构和通信路径与节点上运行的软构件等。一个系统模型只有一个部署图，部署图常常用于帮助理解分布式系统。

部署图由体系结构设计师、网络工程师、系统工程师等描述，图 9.1 所示是一个部署图的例子。

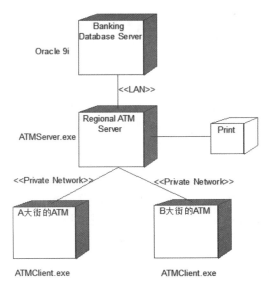

图 9.1 部署图

# 9.2 部署图中的基本概念

部署图中有两个基本概念：节点和连接。

## 9.2.1 节点

节点是存在于运行时的、代表计算资源的物理元素，节点一般都具有一些内存，而且常常具有处理能力。

节点可以代表一个物理设备及运行该设备的软件系统，如 UNIX 主机、PC 机、打印机、传感器等。节点之间的连接线表示系统之间进行交互的通信路径，这个通信路径称为连接（connection）。

部署图中的节点分为两种类型，即处理机（Processor）和设备（例如 Modem）。

处理机是可以执行程序的硬件构件。在部署图中，可以说明处理机中有哪些进程、进程的优先级与进程调度方式等。其中进程调度方式分抢占式（preemptive）、非抢占式（non-preemptive）、循环式（cyclic）、算法控制方式（executive）和外部用户控制方式（manual）等。图 9.2 所示是部署图中的处理机。

设备是无计算能力的硬件构件，如调制解调器、终端等，图 9.3 所示是部署图中的设备。

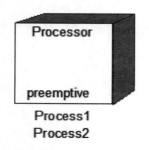

图 9.2 部署图中的处理机

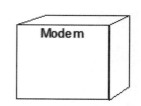

图 9.3 部署图中的设备

## 9.2.2 连接

连接表示两个硬件之间的关联关系。由于连接关系是关联，所以可以像类图中那样在关联上加参与者、多重性、约束、版型等。一些常见的连接有以太网连接、串行口连接、共享总线等。图 9.4 所示为部署图中的连接。

图 9.4 部署图中的连接

## 9.3 部署图的例子

部署图在描述较复杂系统的物理拓扑结构时很有用，下面给出一些使用部署图的例子。

**例 9.1** 图 9.5 所示是 PC、外设（Modem、Monitor、Printer）及 ISP 的连接部署图。外设 Modem 和 ISP 的连接使用了版型<<DialUp Connection>>，表示 Modem 和 ISP 是通过拨号进行连接的。

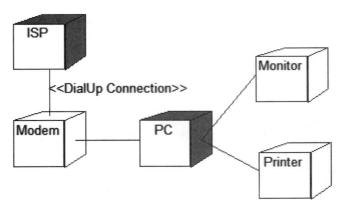

图 9.5 PC、外设（Modem、Monitor、Printer）及 ISP 的连接部署图

**例 9.2** 图 9.6 所示是一个分布式系统的部署图。该例中使用了一些 Rational Rose 中没有的版型，如分别用处理机的<<Workstation>>（workstation）<<Server>>（regional server、logging server、country server）<<NetworkCloud>>（Internet）版型表示工作站、服务器、Internet 等。要想在部署图中使用这些版型，可以使用软件 DeploymentIcons.exe 把这些版型添加到 Rational Rose 中。DeploymentIcons.exe 是一个小软件，它利用 Rational Rose 的扩展机制实现了很多在部署图中没有的版型。如果不使用 DeploymentIcons.exe 中提供的版型，则在 Rational Rose 中也可以画出一个部署图，并且具有与图 9.6 相同的含义，但不如图 9.6 所示的部署图看起来更加形象、生动。DeploymentIcons.exe 可以在网址"http://www.rationalrose.com"中找到。

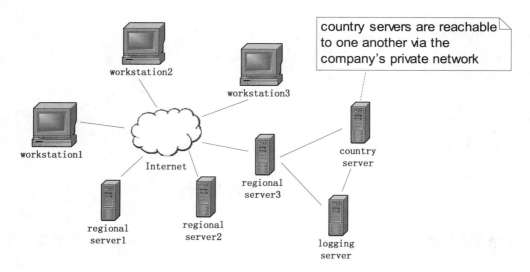

图 9.6  分布式系统的部署图

# 9.4  建模实例

在 Rational Rose 中通过以下步骤建立部署图。

（1）在浏览器中双击"Deployment View"，弹出如图 9.7 所示的部署图窗口。

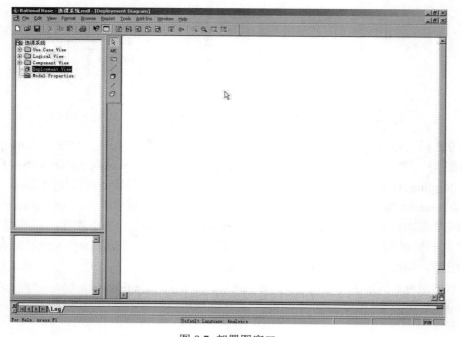

图 9.7  部署图窗口

（2）在工具栏中选择"Processor"图标，拖放到部署图中，创建一个处理器，如图9.8 所示，将其重命名为"客户端浏览器"。

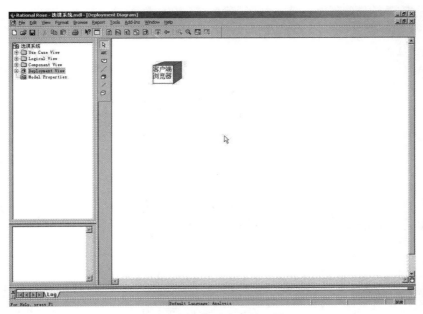

图 9.8 创建并重命名处理器

（3）在部署图窗口中选择"客户端浏览器"对象，单击鼠标右键，在弹出的快捷菜单中选择"Open Specification"命令，在弹出的对话框中设置"客户端浏览器"对象的名称和版型，如图 9.9 所示。

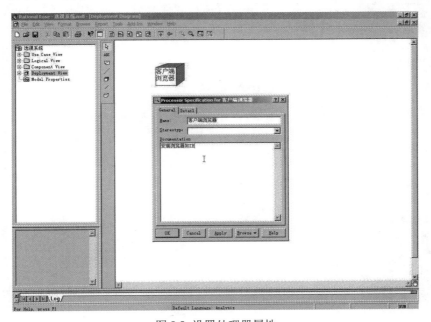

图 9.9 设置处理器属性

（4）转到"Detail"选项卡，在"Processes"列表框内单击鼠标右键，在弹出的快捷菜单中选择"Insert"命令，设置处理器上运行的进程，如图9.10所示。

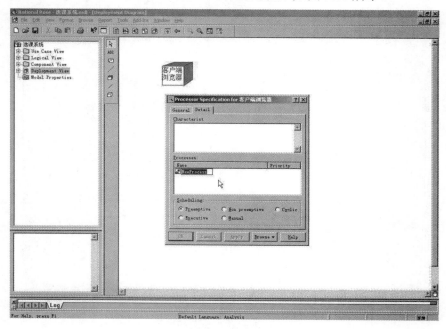

图9.10 设置处理器进程

（5）双击新添加的进程，弹出如图 9.11 所示的对话框，将进程重命名为"web 浏览器"。

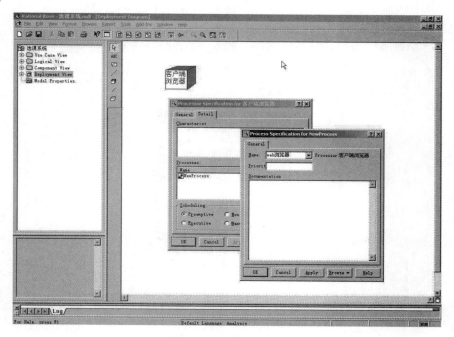

图9.11 重命名进程

（6）返回部署图窗口，采用同样的方法在图中添加"HTTP 服务器"，在工具栏中选择"Connection"图标，在"web 浏览器"和"HTTP 服务器"之间添加连接关系。

（7）在部署图窗口中右键单击连接图标，在弹出的菜单中选择"Open Specification"命令，弹出如图 9.12 所示的对话框，在其中设置连接的名称和版型。

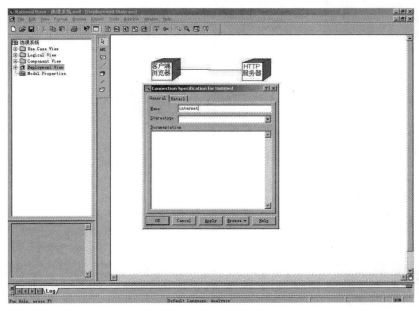

图 9.12　设置连接属性

（8）单击"OK"按钮，返回部署图窗口，如图 9.13 所示。

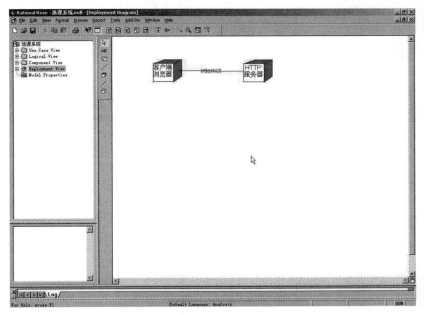

图 9.13　返回部署窗口

（9）选择"客户端浏览器"处理器，单击鼠标右键，在弹出的快捷菜单中选择
"Show Processes"命令，部署图变成如图9.14所示的形式。

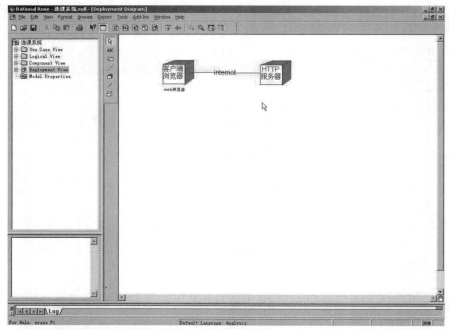

图9.14 在"客户端浏览器"处理器快捷菜单中选择"Show Processes"命令

（10）在"HTTP服务器"上增加进程，如图9.15所示。

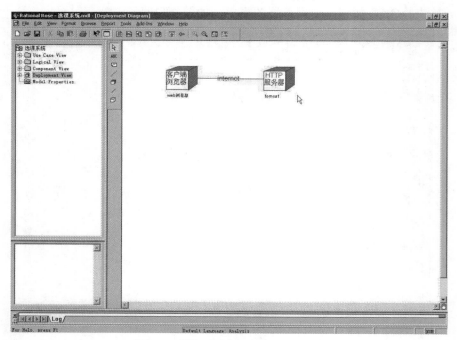

图9.15 添加"HTTP服务器"进程

（11）在部署图上增加"数据库服务器"和"打印机"，"打印机"连接在"HTTP服务器"上，整个部署图最终效果如图 9.16 所示。

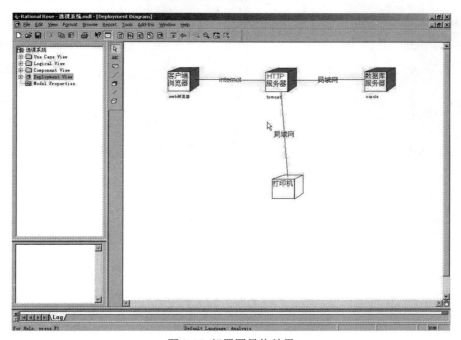

图 9.16 部署图最终效果

# 第10章
## 建模实例分析

## 10.1 引言

本章介绍 UML 应用的一个实例——课程注册系统，仔细研究此例对于掌握 UML 有很大的帮助。本例在 Rational Suite 2002 套件的 RUP 2002 联机文档中有介绍，但在 Rational Suite 2003 套件中，该例已被发布在 Rational 开发人员网（Rational Developer Network）上，而不再包含在 RUP 2003 中。在 Rational Suite 中，课程注册系统的例子主要是用来讲解如何运用 RUP，对例子中的分析和设计模型部分只给出了结果，没有作更多的解释。本章将详细讲解此例，主要是对分析和设计模型中的一些难以理解的地方做解释。

## 10.2 问题陈述

首先给出课程注册系统的问题陈述：

Wylie 学院原来有一个旧的课程注册系统，采用主机-终端型结构，但这个系统已不能满足学院发展的需求，因此 Wylie 学院计划开发一个新的课程注册系统。新系统准备采用 Client-Server 结构，允许学生利用局域网上的 PC 机来注册课程并查看自己的 report card。

需要注意的是，在上面的问题陈述中，有 "report card" 这个词，单从字面上理解，可以大概猜出它的意思，但并不能精确知道这个词的含义。对于需求说明中类似的词，应该单独列出来放在一个文件中，称作系统的术语表（glossary）。术语表定义了所有需要解释的术语，以便增进开发人员之间的交流，同时减少由于误解所带来的开发风险。

在此例的术语表中，对 report card 的定义是：report card 包含了一个学生在一个学期内所有课程的所有成绩。这样就排除了 report card 可能是一个学生在所有学期的所有课程的成绩或一个学生在一个学期内一门课程的各次考试成绩等的可能性。

由于经费问题，学院不想立刻彻底更换旧系统，计划保留旧系统的课程目录数据库部分，课程目录数据库中保存了所有的课程信息。课程目录数据库建立在某个关系型数据库上。注意，课程目录数据库系统（Course Catalog Database System）是一个外部系统，不是所要开发的新课程注册系统的一部分。

幸运的是，Wylie 学院已经购买了一个开放的 SQL 接口，通过该 SQL 接口，可从 UNIX 服务器上直接存取课程目录数据库。

旧的课程注册系统的性能相当差，所以要求新的课程注册系统在性能上要有明显改进，要求存取课程目录数据库中的数据要及时。

新的课程注册系统将读取课程目录数据库中的课程信息，但不会修改数据库中的课程信息。教务长（registrar）通过其他系统维护课程目录数据库中的课程信息。

在每个学期期初，学生可以获取这个学期所开设的所有课程的目录，在课程目录中包含了各门课程的详细信息，如课程教授（professor）、开课系别（department）、课程的先修要求（prerequisite）等。

每个学生在一个学期中可选 4 门主选课，同时还可选两门备选课，以便在主选课不能满足的情况下学生可以上备选课。

每门课的学生人数最多为 10 人，最少为 3 人。如果学生人数少于 3 人，该门课程将被取消。

每个学期均有一个选课期，在这个时间段内，学生可以改变他们的选课计划（schedule）。课程注册系统允许学生在这段时间内增加或删除所选课程。

一旦学生的课程注册过程结束，课程注册系统将向计费系统（billing system）发送信息以便学生缴费。如果一门课程已经选满，则必须在向计费系统提交选课计划前通知学生。

注意，计费系统并不是课程注册系统的一部分，但是要与课程注册系统交互。

在学期结束的时候，学生可以通过系统查询成绩。由于学生成绩属于敏感信息，因此系统要有安全措施来防止非授权的数据存取。

新系统允许教授在学生选课之前决定要教哪些课程，教授可以存取系统来获取他们所教授的课程的信息，可以了解哪些学生选了他们的课，也可以登记该门课程的学生成绩，但不能查看和登记非自己所教授的课程的成绩。

Wiley 学院只有教授这一种类型的教师。

对于一个实际项目来说，需求可分为功能需求和非功能需求两部分。上面给出的问题陈述可以说是需求说明的功能性部分，而非功能性需求，如可靠性、可用性、性能、可支持性等方面的要求可另外补充说明。另外有些功能可能涉及整个系统的，或对多个用例都有要求的功能性需求也可以放在补充说明中。课程注册系统的补充需求说明如下。

（1）功能性（functionality）。下面这些功能性方面的要求是多个用例中都要求的：

- 所有的系统错误都要记录在日志中，如果遇到致命错误，系统将自行停机。系统的错误信息包括错误的文本描述、操作系统错误代码（如果有的话）、哪个模块检测到该错误、数据戳（data stamp）、时间戳（time stamp）等。所有的系统错误要保存到错误日志数据库（Error Log Database）中。

- 系统可以运行在远程计算机上，系统的所有功能都可以通过网络远程使用。

（2）可用性（usability）。具体要求如下：

- 客户端的用户界面应该是 Windows 形式的窗口系统。

- 系统的用户界面要易操作。

- 系统中的各项功能应有联机帮助说明。

（3）可靠性（reliability）。具体要求如下：

- 系统应该每周 7 天、每天 24 小时可用，关机时间不超过 4%。

- 系统的平均无故障时间 MTBF（Mean Time Between Failures）要大于 300 小时。

（4）性能（performance）。具体要求如下：

- 中央数据库（central database）在任何时候都能支持最多 2000 个并发用户的使用，本地数据库（local server）在任何时候都能支持最多 500 个并发用户的使用。

- 系统提供存取旧的课程目录数据库的功能，且存取时间延迟不超过 10 秒。另外，根据原型系统发现，如果不能有效使用某些中间层处理能力，课程目录数据库将无法满足系统的性能要求。

- 系统中 80%的事务处理应该在 2 分钟内完成。

（5）安全性（security）。具体要求如下：

- 系统必须能够防止学生修改其他人的选课计划，能够防止教授修改其他教授所授课程的信息。

- 只有教授才可以输入学生的成绩。

- 只有教务长才可以修改所有学生的信息。

（6）可支持性（supportability）。具体要求如下：

- 课程注册系统升级可以通过网络服务器下载来完成。

另外，在课程注册系统的术语表中，定义了以下术语的含义：

- Course
- Course Offering
- Course Catalog
- Faculty
- Finance System
- Grade
- Professor
- Report Card
- Roster
- Student

- Schedule
- Transcript

对于这些术语的精确解释，因为不是本章要讨论的内容，这里就不再具体列出，只是用下面的例子来说明术语表的作用。

**例 10.1** Course 和 Course Offering 的区别。对于这两个术语，如果用中文来翻译，用课程这个词都是可以的。但在课程注册系统中，这两个术语的内涵是有差别的，Course 指的是一门课程，如数据结构这门课，而不管这门课程是在哪个学期开、由谁主讲等，Course Offering 指的是在某个特定学期所开设的一门课程，Course Offering 会包括上课时间、地点等信息，很可能同一门数据结构课程会在同一个学期由两个教授分别主讲，那么就是两个 Course Offering。

显然，对于 Course 和 Course Offering 这样容易混淆的术语，如果不在术语表中对其进行精确定义，那么开发人员和客户有可能会给出错误的理解，从而影响项目的开发。

# 10.3 分析阶段模型说明

在面向对象方法中，分析阶段和设计阶段之间没有明确的界限，从分析阶段到设计阶段的过渡是平滑的，不过在课程注册系统这个例子中，Rational 公司为了说明方便，用了两个文件分别表示分析阶段模型和设计阶段模型，其中分析阶段模型的文件名是"coursereg_ analysis.mdl"，下面对该文件中的内容进行分析。

## 10.3.1 分析阶段的用例图

分析阶段的一个主要工作是对用户的需求进行分析，找出系统的用例。图 10.1 是分析模型中的用例图，其中参与者"Course Catalog"和"Billing System"表示外部系统。

当然，图 10.1 并不是唯一可能的用例图，不同的分析人员对用例的划分粒度、参与者的选择、用例图优先级的分配等会有不同的方案。例如，在课程注册系统中，可能会有这样的问题：新学生和老学生是否采用不同的参与者？针对这个问题，不同的回答可能会得到不同的用例图。对于类似的问题，分析人员需要根据具体情况仔细分析系统的需求，不断地和客户沟通交流才能确定答案，显然，不同的分析结果对于后面的系统设计和实现会有很大的影响。在图 10.1 中，新学生和老学生由同一个参与者"Student"表示。

在多个可能的分析结果中，某些分析结果可能会比另一些要好些。好的分析结果往往来自分析人员的丰富经验、对所开发系统的所属领域的充分了解、与客户间的全面沟通等。

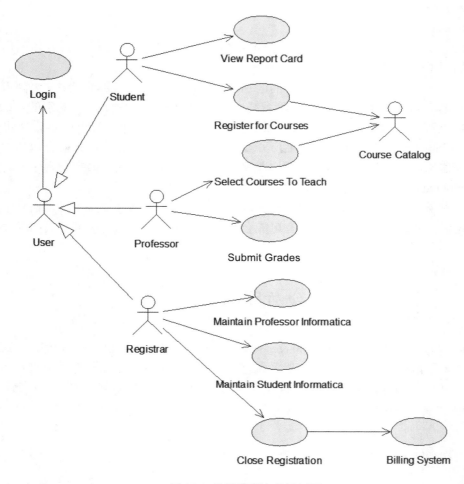

图 10.1 分析模型中的用例图

在用例分析中，对于用例还有一项很重要的工作就是要有用例描述，这是初学者非常容易忽视的一项工作。如果只是简单地画出每个用例，而没有用例描述，那么只能从用例的名称来推断该用例的功能，显然，这样一来不同的人就会有不同的理解。其实，一个用例图所起的作用就像是目录一样，要真正确定用例的内容还需要给出用例描述。在图 10.1 中共有 8 个用例（不包括 Billing System），因此对应有 8 个文件来描述这些用例。这里引用其中一个用例 Register for Courses（注册课程）的描述，其实这个用例也是 8 个用例中分析和设计做得最完整的一个。对于其他 7 个用例，Login 用例的分析和设计做得较多，Close Registration 用例只进行了分析，其他 5 个用例则做得比较简单。

Register for Courses 用例的描述如下：

1. 用例名称：注册课程

1.1 简要描述

这个用例允许学生注册本学期需要学习的课程。在学期开始的课程"add/drop"阶段，学生可以修改或删除所选择的课程。课程目录系统提供了本学期开设的所有课程列表。

1.2 事件流程

1.2.1 基本流程

当学生希望注册课程，或想改变他的课程计划（schedule）时，用例开始执行。

1）系统要求学生选择要执行的操作（创建计划、修改计划、或删除计划）。

2）一旦学生提供了系统要求的信息，以下子流程中的某一个将被执行。

① 如果学生选择的是"Create a Schedule"，则"创建计划"子流程将被执行。

② 如果学生选择的是"Update a Schedule"，则"修改计划"子流程将被执行。

③ 如果学生选择的是"Delete a Schedule"，则"删除计划"子流程将被执行。

1.2.1.1 创建计划

1）系统从课程目录系统中检索出有效的课程列表并输出。

2）学生从有效课程列表中选择 4 门主选课和 2 门备选课。

3）当学生完成选择后，系统将为此学生创建一个"课程计划"，这个课程计划包含了学生所选的课程。

4）执行"提交计划"子流程。

1.2.1.2 修改计划

1）系统检索并输出学生当前的课程计划。

2）系统从课程目录系统检索出有效的课程列表并输出。

3）学生从有效课程列表中选择要增加的课程，也可以从当前的课程计划中选择任何想要删除的课程。

4）当学生完成选择，系统将修改此学生的课程计划。

5）执行"提交计划"子流程。

1.2.1.3 删除计划

1）系统检索出学生当前的课程计划。

2）系统提示学生确认这次删除。

3）学生确认这次删除。

4）系统删除课程计划。如果该课程计划中包含"已注册"（enrolled in）的 Course Offering，则在 Course Offering 中删除关于此学生的信息。

1.2.1.4 提交计划

1）对于课程计划中所选的每门课程，如果还有没标记为"已注册"，则系统将验证学生是否满足先修条件、课程是否处于 open 状态，以及课程计划中是否没有冲突。如果验证通过，则系统将把学生加到所选的 Course Offering 中，课程计划中所选的课程标记为"已注册"。

2）课程计划被保存在系统中。

1.2.2 可选流程

1.2.2.1 保存计划

在任何情况下，学生可以选择保存而不是提交课程计划。在这种情况下"提交计划"这一步骤被下面的步骤所代替：

① 课程计划中没有被标记为"已注册"的课程应标记为"选择"（selected）。

② 课程计划被保存在系统中。

**1.2.2.2 先修条件不满足或课程满员或课程计划冲突**

如果在"提交计划"子流程中，系统检测出学生没有满足先修条件，或学生所选课程已满，或课程计划存在冲突，则系统显示错误消息。学生可以选择其他课程（用例继续），或保存课程计划（和"保存计划"子流程一样），或取消本次操作，如果是取消操作，则用例基本流程重新开始。

**1.2.2.3 没有找到计划**

如果在"修改计划"或"删除计划"子流程中，系统未能检索到学生课程计划，则系统显示错误信息。学生确认该错误，用例基本流程重新开始。

**1.2.2.4 课程注册结束**

如果系统不能和课程目录系统通信，则系统将向学生显示错误信息，学生确认该错误，用例终止。

**1.2.2.5 课程注册结束**

如果在用例开始的时候，系统检测到已过了本学期课程注册时间，则系统将向学生显示信息，用例终止。学生在本学期的课程注册结束后就不能再注册课程了。

**1.2.2.6 取消删除**

如果在"删除计划"子流程中，学生决定不删除课程计划，则删除操作被取消，用例基本流程重新开始。

**1.3 特殊需求**

无

**1.4 前置条件**

开始这个用例之前学生必须已登录到系统。

**1.5 后置条件**

如果用例成功结束，则会创建、修改或删除学生的课程计划，否则系统状态不变。

**1.6 扩展点**

无

对用例图的描述，在格式上并没有统一的规定，不同的开发机构可能会采用不同的格式。上面所描述的 Register for Courses 用例只是采用了其中的一种格式，当然也可以采用其他格式，但不管采用何种格式，基本内容应该差不多。

## 10.3.2 分析阶段的逻辑视图

在分析阶段，逻辑视图比较简单，图 10.2 所示是分析阶段的逻辑视图，包括课程注册系统中和领域相关的一些关键类，这些关键类已按边界类、控制类和实体类做了划分。

在逻辑视图中定义了几个类图，其中 Package Overview 类图描述了包之间的依赖关系。一般一个包下会有一个 Package Overview 类图用来描绘包中各个子包之间的关系；Key Abstraction 类图中描述的是领域的关键类；CourseOffering（attribute）类图中描述的是 CourseOffering 类图的属性，其中有一个是派生属性；Association Class Example 类图中给出的是关联类的例子。这些类图还是概念层的类图，需要在设计阶段做进一步的细化。

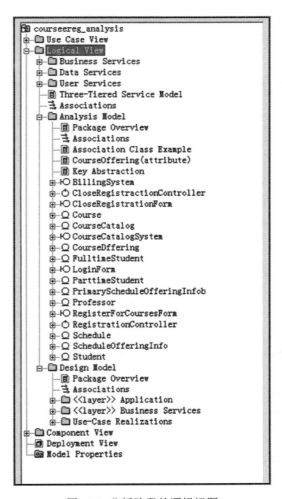

图 10.2 分析阶段的逻辑视图

另外，在这个分析模型中，CourseOffering（attribute）类图和 Association Class Example 类图并不是很重要。Raitonal 公司给出这个例子时把这些类图包含进来只是用例子来说明派生属性、关联类等这些概念，在实际项目开发中，很少会为了某些概念而引入类图。

在分析阶段的逻辑视图中还建立了一个 Design Model 包，这个包会在设计阶段被细化。但目前这个包中的内容比较少，主要只是对系统的体系结构做了初步的划分，分为应用层（在<<layer>>Application 子包中）和业务服务层（在<<layer>>Business Services 子包中）。但目前<<layer>>Application 子包和<<layer>>Business Services 子包还是空的，没有具体的类。

在 Desing Model 包下还有一个 Use-Case Realizations 子包，这个子包用于描述 Close Registration、Login、Register for Courses 这 3 个用例的实现。

把 Use-Case Realizations 子包展开，可以看到其内部结构如图 10.3 所示。

下面以 Resgister for Courses 用例为例来说明用例的实现。事实上，"用例实现"是版型为<<use-case realization>>的用例，用虚线椭圆表示。可以把用例的实现作为一个目录来理解，与用例"Register for Courses"的实现有关的类图、顺序图、协作图等都可以放在该目录下。

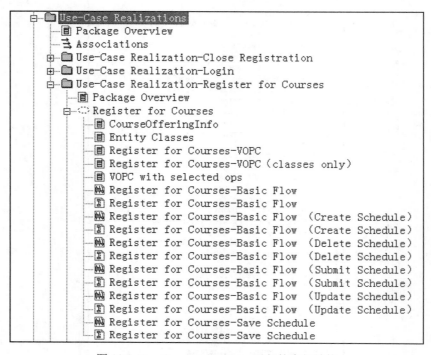

图 10.3 Use-Case Realizations 子包的内部结构

需要说明的是，在分析阶段，这些类图、顺序图、协作图等都放在 Register for Courses 这个用例实现下，但这并不是说这些图的位置是固定的。在后面的设计阶段，可以把这些图移到其他子包下，或者干脆删掉这些图用其他更详细的图来代替。

在图 10.3 中，用例 Register for Courses 下共有以下 5 个类图用于描述类之间的关系：

● CourseOfferingInfo；

● Entity Classes；

● Register for Courses-VOPC；

● Register for Courses-VOPC（classes only）；

● VOPC with selected ops；

其中 VOPC 是"View of Participated Classes"的缩写。

这 5 个类图中，CourseOfferingInfo 类图和 Analysis Model 包下的 Association Class Example 类图中的内容是一样的；Entity Classes 类图是 Register for Courses-VOPC 类图的一部分，把它单独列出来是为了强调系统中的实体类，Register for Courses-VOPC（classes only）类图和 Register for Courses-VOPC 的不同之处在于，它不描述类与类之间的关联关系。不难从这些类图的名字中推测出所其描述的内容，这里不再细述。

另外，在这个用例实现下还有 6 个顺序图及相应的 6 个协作图，这 6 个图的名字分别如下：

- Register for Courses-Basic Flow；
- Register for Courses-Basic Flow（Create Schedule）；
- Register for Courses-Basic Flow（Delete Schedule）；
- Register for Courses-Basic Flow（Submit Schedule）；
- Register for Courses-Basic Flow（Update Schedule）；
- Register for Courses-Save Schedule。

下面对其中的两个顺序图作一些说明。图 10.4 是顺序图 Register for Courses-Basic Flow，图 10.5 是顺序图 Register for Course-Basic Flow（Create Schedule）。

从图 10.4 中可以看到画顺序图的几个要点：一是不要在一个顺序图中把所有可能的分支都表现出来，否则容易使顺序图变得复杂、混乱。如果有分支，可以单独画一个顺序图来表示该分支，如对图 10.4 中的 create schedule()（创建计划）这个消息有一个说明，然后再在 10.5 所示的顺序图中把创建计划的具体过程表示出来。二是在分析阶段，对于顺序图中的消息可以先大致说明其含义，而不一定要和类中的操作名字完全一样，虽然这些消息最后是要和类的操作对应起来的。三是画模型图中的建模元素时最好遵从一定的风格，这样有助于别人或自己对模型的理解。例如，在顺序图中，一般参与者对象列在两边，表示人的参与者在最左边，表示外部系统的参与者在最右边。当然，这些建模风格只是一个建议，并不是必须的，在某些情况下，可以使用自己认为合适的风格。例如，在图 10.5 中就没有把表示 Course Catalog（课程目录）这个参与对象放在最左边。

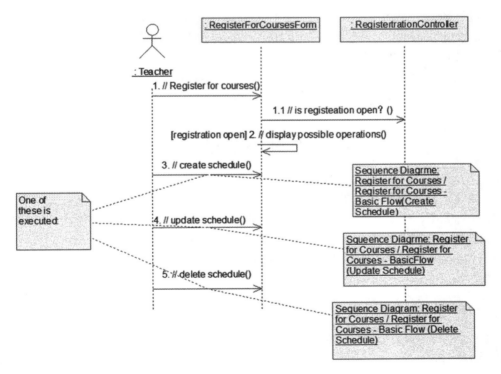

图 10.4 顺序图 Register for Courses-Basic Flow

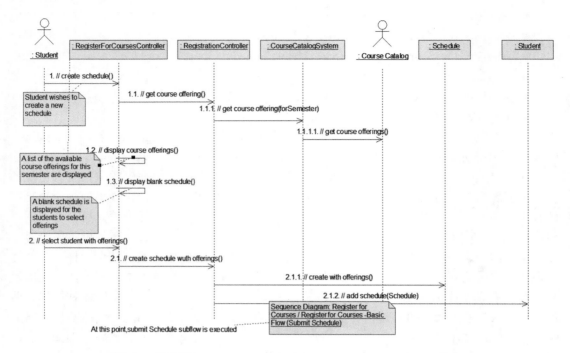

图 10.5 顺序图 Register for Courses-Basic Flow（Create Schedule）

在设计阶段，顺序图 Register for Courses-Basic flow 和 Register for Courses-Basic Flow（Create Schedule）将会被进一步细化，加入一些新的对象和消息，消息名也会更精确而不是只有一个简单的说明。

其他顺序图和这两个顺序图大致类似，这里不再赘述。

# 10.4 设计阶段模型说明

设计模型是在分析模型的基础上细化得到的，分析阶段主要是考虑系统的需求方面的问题，对类图、体系结构的设计还比较粗糙。在设计阶段，类图、系统的分层结构的设计要详细得多，还要考虑进程视图、构件视图和部署图等方面的问题。

设计阶段模型的文件为"coursereg_design.mdl"，下面对这个文件中的内容进行分析。

## 10.4.1 设计阶段的用例图

设计阶段的用例图和分析阶段的用例图差别不是很大，主要是对课程目录参与者和计费系统参与者做了细化。

在分析阶段，参与者 Course Catalog 有 get course offerings 方法，在设计阶段 get course offerings 被细化为 executeQuery()和 getConnection()这两个方法。

参与者 Billing System 在分析阶段没有考虑方法，在设计阶段引入了 open Connection()、process transaction()、close connection()这 3 个方法。

需要注意的是，参与者是类的版型，可以在参与者中增加方法。但参与者是属于系统外部的，因此需要在系统内部有一个起代理作用的类，该类负责与外部参与者进行交互，同时提供了和参与者中方法同名的方法供系统内部其他类使用。

## 10.4.2　设计阶段的逻辑视图

设计阶段的逻辑视图如图 10.6 所示。

与分析阶段相比，设计阶段的逻辑视图中增加了进程视图，同时在 Design Model 包下增加了几个子包，目前共有以下 6 个子包：

- <<layer>> Application；
- Architectural Mechanisms；
- BaseReuse；
- <<layer>> Business Services；
- <<layer>> Middleware；
- User-Case Realizations。

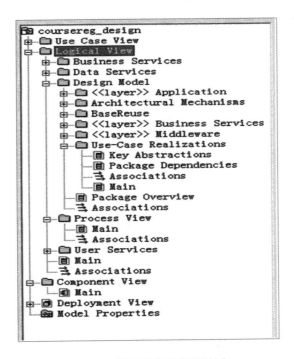

图 10.6　设计阶段的逻辑视图

其中 Architectural Mechanisms、BaseReuse、<<layer>> Middleware 是新增加的包，<<layer>> Application、<<layer>> Business Services、Use-Case Realizations 是在分析阶段就有的，但现在增加了很多设计方面的内容。

<<layer>> Application 包中包含了与具体应用相关的一些设计：Architectural Mechanisms 包中是关于系统持久性、安全性、分布性等方面的设计；BaseReuse 包中是可重用的元素（在这个例子中，BaseReuse 包中只有一个参数化类"List"）；<<layer>> Business Services 包中是和业务相关的一些设计，可在多个应用中使用；<<layer>> Middleware 包中提供了独立于具体平台的服务，这里是 Java 类库中的一些包和第三方厂商开发包；Use_Case Realizations 包中是关于用例实现的，在 10.3 节中对这个包已作过一些介绍。

一般包下的 Main 类图给出了包下各个子包之间的依赖关系，但由于 Design Model 下的子包及其子包的子包较多（大约有十几个），因此专门用一个类图 Distribution Package Dependencies 来表示各个子包之间的关系，而 Main 类图则表示顶层子包之间的关系。

下面对逻辑视图下的各个子包进行介绍。

### 1．<<layer>> Application 子包

<<layer>> Application 子包的结构如图 10.7 所示，包括 Registration 子包、Course Registration with Distribution 类图和 Main 类图。其中 Registration 子包中包含一些与课程注册有关的控制类、边界类、接口等。

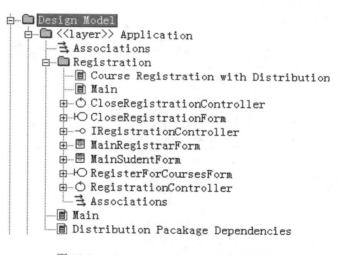

图 10.7 <<layer>> Application 子包的结构

Registration 子包下的 Main 类图是课程注册系统中一个比较重要的类图，如图 10.8 所示（由于 Registration 子包下已没有更小的子包，所以这里的 Main 类图就不再用来表示包之间的依赖关系）。

查看此类图，可以发现它具有以下特点：

（1）类图中的类只给出了类中的属性和方法的定义，而没有给出类中方法的实现细节。对于同一个方法，可以有多种不同的实现方式，可以采用不同的数据结构。如果有特殊的规定，可以在类图中用注解的方式进行说明。在图 10.8 所示的类图中，特别规定如果关联多重性大于 1，则一般用链表实现，除非有特殊要求。

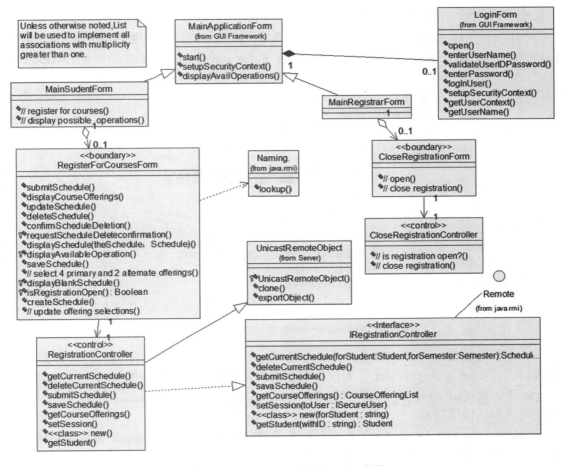

图 10.8  Registration 子包的 Main 类图

（2）客户机和服务器之间用 Java RMI 进行通信，因此有接口 Remote，Remote 接口来自 java.rmi 包。

（3）类图中有两个边界类 RegisterForCoursesForm 和 CloseRegistrationForm，因此可能有两种不同类型的用户使用系统，所以有两种界面，一个供学生使用，另一个供教务长使用。

（4）类图中有一些单向的聚集和组合关系。例如，从 MainApplicationForm 类到 LoginForm 类是单向的组合关系，也就是说，MainApplicationForm 类中有类型为 LoginForm 的变量，但 LoginForm 类中没有类型为 MainApplicationForm 的变量。

（5）注意，图 10.8 中接口 IRegistrationController 和 Remote 之间的关系，例子中表示的是实现关系，这可能是原例中的一个错误。更好的表示方法应该是接口 IRegistrationController 继承接口 Remote，然后由类 RegistrationController 实现接口 IRegistrationController，因为两个接口之间的实现关系并不符合"接口"这个概念的本质。

（6）类图中的某些类是 Java 类库中已有的，并不需要编码人员自己实现，如 Naming 类、UnicastRemoteObject 类等。

### 2. <<layer>>Business Services 子包

<<layer>> Business Services 子包的结构如图 10.9 所示，其中包括 BillingSystem 和 CourseCatalogSystem 两个子系统，External System Interfaces、ObjectStore Support、Security 和 University Artifacts 4 个子包，表示包之间依赖关系的 Main 类图。

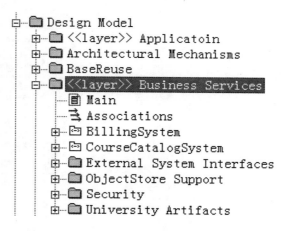

图 10.9 <<layer>> Business Services 子包的结构

子系统是版型为<<subsystem>>的包，BillingSystem 子系统提供了操作外部计费系统的接口；CourseCatalogSystem 子系统提供了操作外部课程目录系统的接口，包括存取与 course 和 course offering 相关的所有信息。BillingSystem 和 CourseCatalogSystem 这两个子系统的内部结构很相似。

External System Interfaces 子包主要包含了 IBillingSystem 和 ICourseCatalogSystem 这两个与外部系统交互的接口，其中 IBillingSystem 接口定义了对计费系统的操作，ICourseCatalogSystem 接口定义了存取课程目录系统的操作，这两个接口中定义的操作分别由子系统 BillingSystem 和 CourseCatalogSystem 实现。这种设计方法正是 OO 设计中"针对接口编程，而不是针对实现编程"思想的体现。

数据库中包含了学生、课程计划等信息。ObjectStore Support 子包中包含了一个支持数据库操作的 CourseRegDBManager 类。CourseRegDBManager 类提供了存取数据库的唯一入口，包含了对数据库的大部分操作，如查询、修改、删除等操作。CourseRegDBManager 类是一个单件（singleton）类，也就是说，只能创建一个属于 CourseRegDBManager 类的对象。

在课程注册系统中使用的数据库产品是 ObjectStore 数据库，关于 ObjectStore 数据库的具体介绍可以参考网址"http://www.objecttstore.net"中的内容。

ObjectStore 这个产品可以有两种使用方式，一是作为中间层建立在已有的信息系统之上，提供高速的数据存取功能，以数据服务器的形式使用；二是作为高性能的数据库管理系统直接使用。ObjectStore 提供了 C++和 Java 接口，C++和 Java 的类层次结构可以直接存在数据库中。

Security 子包中包含了系统安全方面的一些设计，如用户登录后存取权限的判断等。

University Artifacts 子包的结构如图 10.10 所示，它是比较重要的一个子包，其中包含了 Course、CourseOffering 等 9 个实体类，这些类基本上都和选课有关，具体名字可参考图 10.10，另外 University Artifacts 子包中还有 Classification 和 CourseOfferingList 这两个与实现有关的类。

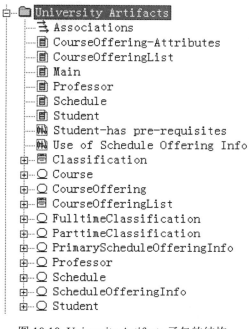

图 10.10 University Artifacts 子包的结构

在 University Artifacts 子包中有 CourseOffering-Attributes、CourseOfferingLsit、Main、Professor、Schedule、Student 6 个类图，其中比较重要的一个图是 Main 类图，CourseOffering-Attributes、Professor、Schedule 和 Student 这 4 个类图只是 Main 类图的一部分。CourseOfferingList 类图描述如何把参数化类 List 的形参绑定到实参而得到 CourseOfferingLisi 类。下面对 Main 类图进行说明。

图 10.11 是 University Artifacts 子包中的 Main 类图。

查看图 10.11 所示的类图，可以发现它具有以下特点：

（1）与图 10.8 中课程注册系统 Registration 子包的 Main 类图一样，University Artifacts 子包的 Main 类图也规定了实现方式，即如果关联的多重性大于 1，则一般用链表实现，除非有特殊的要求。

（2）PrimaryScheduleOfferingInfo 类是关联类。

（3）在 Course 类上定义了一个自返关联，表示课程之间的先修关系，这是一个单向的自返关联。

（4）Course 类和 CourseOffering 类之间有 1 对多的关联，一个 Course 可以对应于多个 CourseOffering，即同样内容的一门课程，如果上课时间或地点不同，则作为不同的 CourseOffering 来处理。

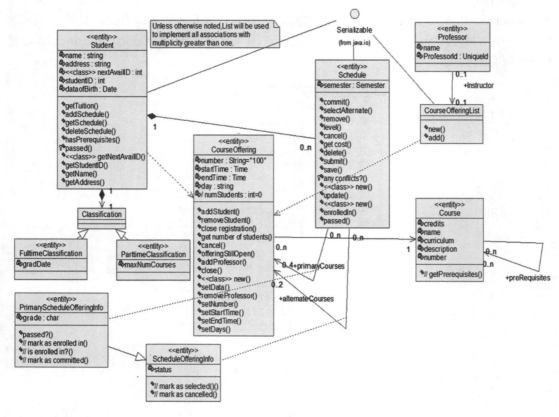

图 10.11 University Artifacts 子包中的 Main 类图

（5）Serialzable 接口是 Java 类库中的一个接口，在包 java.io 中。前面已经提到，客户机和服务器之间是用 Java RMI 进行通信的，有时需要传送 Student 对象、Schedule 对象、CourseOfferingList 对象等，这些被传送的对象必须实现 Serialzable 接口，这是 Java 的对象串行化技术所要求的。

（6）CourseOffering 类中的 NumStudents 属性是派生属性，即可以由其他属性推导出来。

（7）请注意图 10.11 中如何表示一个学生既可能是全时（Fulltime）学生，也可能是非全时（Parttime）学生，但不能同时是全时的和非全时的学生。通过引入 Classification 类，然后把 FulltimeClassification 类和 ParttimeClassification 类作为 Classification 类的子类，这样就可以表示一个学生或者是全时学生，或者是非全时学生，两者只居其一。

### 3. <<layer>> Middleware 子包

<<layer>> Middleware 子包的结构如图 10.12 所示，其中包括 com.odi、java.awt、java.io、java.rmi、java.lang 和 java.sql 共 6 个子包。

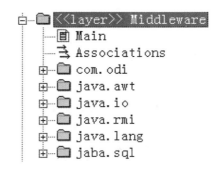

图 10.12  <<layer>> Middleware 子包的结构

com.odi 包中包含一些和数据库存取有关的类，这些类是 ObjectStore 数据库产品提供的，所以 com.odi 包的命名遵循由第三方厂商提供的 Java 包的命名规范。

java.awt 包中是和图形用户界面相关的类，如 Window 类、Frame 类等，这些类是 Java 类库提供的。

java.io 包中有 Serialzable 接口。Serialzable 接口是 Java 类库提供的。课程注册系统使用了 Java RMI 技术。Java RMI 允许客户机和服务器之间传送对象的引用或传送对象值。如果要传送对象值，那么这个对象必须是可串行化的，也就是必须实现 Serialzable 接口。

java.rmi 包中包含支持 Java RMI 技术的一些类和接口，如 UnicastRemotcObject 类、Naming 类、Remote 接口等，它们都是 Java 类库提供的。

java.lang 包中有 Object 类、Runnable 接口、Thread 类等，其中 Runnable 接口和 Thread 类是用来实现多线程的，这些类和接口都是 Java 类库提供的。

java.sql 包中是使用 JDBC（Java DataBase Connectivity）存取数据时要使用的一些类，如 Connection 类、DriverManager 类、ResultSet 类、Statement 类等，这些类也都是 Java 类库提供的。

### 4. Architectural Mechanisms 子包

Architectural Mechanisms 子包的结构如图 10.13 所示，其中包括 Distribution、Persistency 和 Security 共 3 个子包。

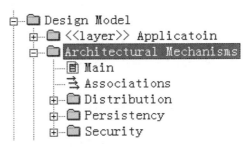

图 10.13 Architectural Mechanisms 子包的结构

Distribution 子包描述了课程注册系统中采用 Java RMI 进行通信的实现机制；Persistency 子包描述了存取 ObjectStore 数据库和一般的关系型数据库中对象的机制；Security 包描述了如何实现用户的身份验证和存取权限控制。

**5. BaseReuse 子包**

BaseReuse 子包的结构比较简单，如图 10.14 所示，其中只有参数化类 List 这个基本的可重用设计元素。

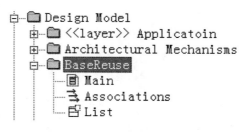

图 10.14 Base Reuse 子包的结构

实际上这种设计已是对数据结构的规定，一般情况下，设计人员应该尽量不要对实现人员在实现时的细节上做过多的规定。但在某些情况下，可以对实现人员做一些硬性规定，如这里就规定了要使用链表这种数据结构。

**6. Use-Case Realizations 子包**

与分析阶段相比，设计阶段的 Use-Case Realizations 子包在结构上并没有很大的变化，主要是考虑了系统的分布性、持久性、安全性等方面的问题，并增加了几个用例实现。也就是说，对于同一个用例，会有多个用例实现，但这些用例实现考虑的角度不同，有些是从分布性方面考虑的，有些是从持久性方面考虑的，有些是从安全性方面考虑的。

## 10.4.3　设计阶段的进程视图

进程视图是 UML 中的"4+1"视图之一，与逻辑视图处于同一层次。但在 Rational Rose 中，并没有默认的进程视图这个结构，所以一般把进程视图画在逻辑视图下面，作为逻辑视图的一个子包来表示。

进程视图中描述的是涉及并发和同步等问题的线程和进程，主要考虑系统的性能，以及伸缩性、吞吐率等问题。

课程注册系统进程视图的结构如图 10.15 所示，其中有<<process>> BillingSystem Access、<<process>> CloseRegistrationProcess、<<process>> CourseCatalogSystemAccess、<<process>> CourseRegistrationProcess、<<process>> RegistrarApplication 和<<process>> StudentApplication 共 6 个进程和<<thread>> CourseCache、<<thread>> OfferingCache 这两个线程。

<<process>> CourseCatalogSystemAccess 进程用于对 CourseCatalog 这个外部系统的存取，可由多个用户共享使用，采用 cache 来提高性能。进程内部有两个独立的线程<<thread>> CourseCache 和<<thread>> OfferingCache，负责从外部系统中检索数据。

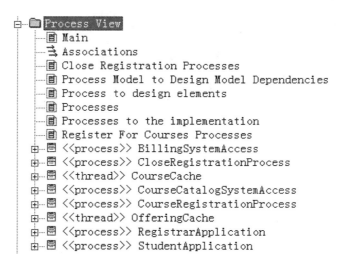

图 10.15　课程注册系统进程视图的结构

<<process>>BillingSystemAccess 进程的作用和<<process>>CourseCatalogSystemAccess 类似，是用于存取外部的计费系统。

<<process>>CourseRegistrationProcess 进程负责学生的课程注册，每个正在进行课程注册的学生都有一个相应的<<process>>CourseRegistrationProcess 进程实例。

<<process>>CloseRegistrationProcess 进程负责选课期结束的处理工作。

<<process>>StudentApplication 进程负责与学生的交互，如用户界面的处理、与服务器的协作等，每个正在进行课程注册的学生都有一个相应的<<process>>StudentApplication 进程实例。

<<process>>RegistrarApplication 进程的作用和<<process>>StudentApplication 类似，不同之处在于<<process>>RegistrarApplication 进程负责与教务长的交互。

进程视图中的类图描述了各个进程之间的关系，以及进程和某些边界类、控制类、实体类的关系。其中主要的类图是 Main 类图，其他几个类图大多是为了强调 Main 类图的某一部分而重新又将其画了一遍，其实已包含在 Main 类图中。

## 10.4.4　设计阶段的部署图

部署图也是 UML 中的"4 + 1"视图之一。在课程注册系统中，部署图较为简单，其结构如图 10.16 所示，其中包含了<<legacy>>BillingSystem、<<legacy>> CourseCatalog System、Desktop PC、External Desktop PC 和 RegistrationServer 共 5 个处理机。

一般一个系统只有一个部署图，课程注册系统的部署图如图 10.17 所示。

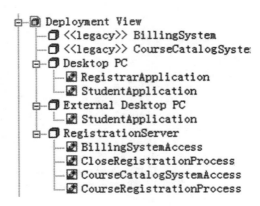

图 10.16 部署图的结构

部署图表示了各处理机制之间的关系，在 Desktop PC 和 RegistrationServer 上还注明了所运行进程的名字，这些进程就是 10.4.3 节中提到的那些进程。

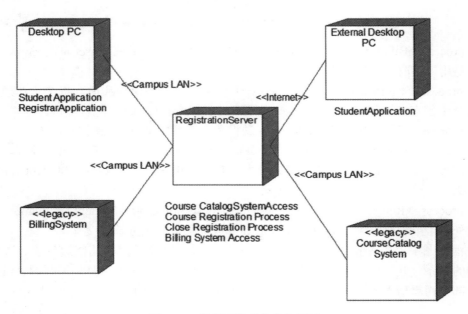

图 10.17 课程注册系统的部署图

# 10.5 课程注册系统实例总结

在课程注册系统中还没有考虑构件视图，另外在课程注册系统的例子中虽然有状态图和活动图的例子（在 Logical View Design Model→<<layer>> Application → Registration 包的 RegistrationController 类下有状态图的例子，在 Use Case View 的 Register for Courses 用例下有活动图的例子），但这些图不是课程注册系统的主要部分，给出这些图只是为了作为例子说明状态图和活动图这些概念。

这个例子对数据建模的论述也比较简单，事实上，这个例子的数据建模是用其他专门用于数据建模的工具完成的。

本章主要是对模型的内部结构做了分析。对于这样的模型，实现人员拿到后，就可以根据模型实现具体的系统。但对于设计人员是如何设计出这个模型的，是通过什么样的步骤得到的，在本章中论述得不多，原因是考虑到这已属于软件开发过程问题。对于一个系统，其实可以有各种各样的可能的开发过程，可能是采用 RUP 软件开发过程，也可能是采用 XP 软件开发过程，也可能是某个公司内部使用的特殊的软件开发过程（当然，Rational 公司是将课程注册系统作为 RUP 软件开发过程的例子来说明的）。对于软件开发过程，无法规定一个标准的开发过程，但不管是哪种软件开发过程，都应该采用标准化的建模语言。

# 参 考 文 献

1. 谭云杰. Thinking in UML［M］. 2 版. 北京：中国水利水电出版社，2012.

2. Martin Fowler. UML 精粹——标准对象建模语言简明指南［M］. 3 版. 徐家福译. 北京：清华大学出版社，2005.

3. Desmond Francis D'Souza, Alan Cameron Wills. UML 对象、组件和框架——Catalysis 方法［M］. 北京：清华大学出版社，2004.

4. Craig Larman. UML 和模式应用［M］. 2 版. 北京：机械工业出版社，2004.

5. Steve Adolph，Paul Bramble. 有效用例模式［M］. 车立红译. 北京：清华大学出版社，2003.

6. Kurt Bittner. 用例建模［M］. 姜昊译. 北京：清华大学出版社，2003.

7. Jim Arlow，Ila Neustadt. UML 和统一过程实用面向对象的分析和设计［M］. 北京：机械工业出版社，2003.

8. Doug Rosenberg、Kendall Scott. 用例驱动 UML 对象建模应用——范例分析［M］. 北京：人民邮电出版社，2005.

9. Grady Booch，James Rumbaugh，Ivar Jacobson. UML 用户指南［M］. 邵维忠等译. 北京：机械工业出版社，2001.

10. Grady Booch，Ivar Jacobson，James Rumbaugh. UML 参考手册［M］. 姚淑兰，唐发根译. 北京：机械工业出版社，2001.